Deutsch 2

Durchblick mit Tessa Tinte

Grundlagen festigen – Neues sicher lernen

Erarbeitet von:

Martina Knipp

Lösungen

Mildenberger

Das Alphabet kennen — Test

1 Schreibe den Anlaut.

Tipp zum Lösen der Aufgabe: Merkkasten 1 „Anlaute hören"

W J P

B K R

F S Z

G L M

2 Trage die fehlenden Buchstaben ein.

Tipp zum Lösen der Aufgabe: Merkkasten 2 „Das Abc (Alphabet)"

A B C D E

f g h i j

K L M N O P

q r s t u

V W X Y Z

Das Alphabet kennen — Hinweis

1 Anlaute hören

Ein Anlaut ist **meistens der erste Buchstabe eines Wortes**. Sprich dir das Wort leise und deutlich vor. Welchen Laut hörst du am Anfang?

Beispiele: Ameise → A Bank → B

1 Kreise den passenden Anlaut ein. Die Anlaute ergeben eine Lösung.

B (P) D (R) E (I)

(M) N (A) O K (G)

(E) U (L) A (Ö) O

(S) N (T) D

Lösung: PRIMA GELÖST

2 Schreibe den Anlaut.

A E I

O U

3 Welche Wörter mit diesem Anlaut kennst du? Schreibe oder male.**

K Kuchen

Kerze

 ** Beispiellösung

Das Alphabet kennen

2 Das Abc (Alphabet)

Das Abc hat **26 Buchstaben**.

Die **Großbuchstaben** sind: ABCDE FGHIJ KLMNOP QRSTU VWXYZ

Die **Kleinbuchstaben** sind: abcde fghij klmnop qrstu vwxyz

Sprich dir das Abc immer wieder leise vor und lerne es auswendig.

4 Verbinde die Buchstaben in der Reihenfolge des Abc.

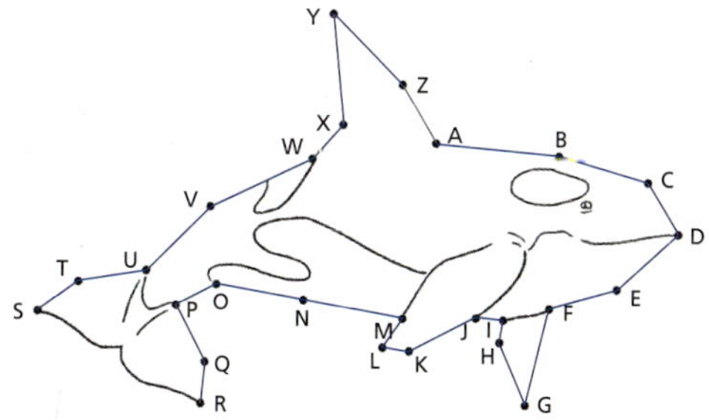

5 Trage die fehlenden Großbuchstaben ein.

A B C D E

F G H I J

K L M N O P

Q R S T U

V W X Y Z

Das Alphabet kennen
Hinweis

6 Trage die fehlenden Kleinbuchstaben ein.

a b c d e | f g h i j | k l m n o p

q r s t u | v w x y z

7 Streiche Großbuchstaben durch, die an der falschen Stelle stehen.

A B ~~S~~ C D E | ~~Z~~ F G H I J | K L ~~R~~ M N O P

Q R S ~~F~~ T U | V W X ~~J~~ Y Z

8 Streiche Kleinbuchstaben durch, die an der falschen Stelle stehen.

a b ~~g~~ c d e | f ~~w~~ g h i j | k l ~~b~~ m n o p

q ~~e~~ r s t u | v ~~f~~ w x y z

9 Welche Wörter sind gesucht? Löse die Rätsel.

A = 1	B = 2	C = 3	D = 4	E = 5	F = 6	G = 7	H = 8	I = 9

1 6 6 5 → AFFE | 5 9 → EI | 4 9 5 2 → DIEB

2 1 4 → BAD | 6 5 5 → FEE | 8 1 9 → HAI

8

Das Alphabet kennen
Vertiefung

Wörter nach dem Abc ordnen

Im **Wörterbuch** stehen die Wörter in der Reihenfolge des Abc.
Beispiel: **A**meise, **B**rille, **C**omputer

Wenn Wörter **mit dem gleichen Buchstaben beginnen,** entscheidet der **2. Buchstabe.**
Wenn auch der 2. Buchstabe gleich ist, entscheidet der **3. Buchstabe.**
Beispiel: A**b**end, A**f**fe   Am**e**ise, Am**p**el

1 Schreibe die Wörter in der Reihenfolge des Abc.

Nase | Auge | Knie | Zehen | Ohr | Bein

Auge, Bein, Knie, Nase, Ohr, Zehen

2 Was kommt in den Obstsalat? Ordne nach dem Abc.
Schreibe den ersten Buchstaben neben das Bild.

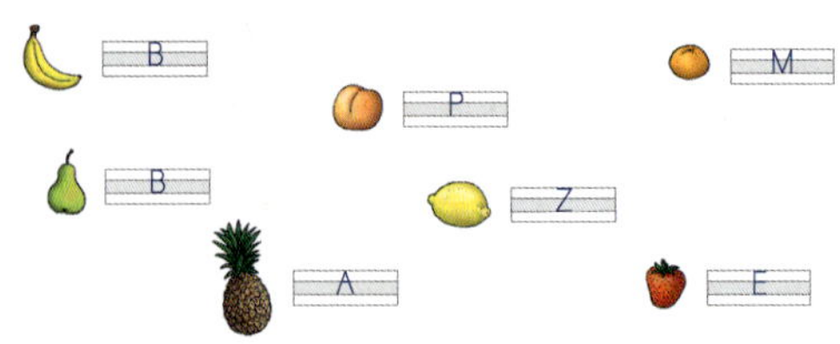

Ananas, Banane, Birne, Erdbeere, Mandarine, Pfirsich, Zitrone

3 Warum steht die Banane im Abc vor der Birne? Ergänze.

Weil der zweite Buchstabe in Banane das „a“ ist. In Birne ist der zweite Buchstabe das i. „a“ kommt im Abc vor „i“.

9

Das Alphabet kennen
Vertiefung

4 Schreibe die Namen der Kinder nach dem Abc.
Ordne nach dem 2. Buchstaben.

Lara, Lea, Linus, Lotta, Luca

5 Schreibe die Tiere nach dem Abc.
Ordne nach dem 3. und 4. Buchstaben.

Spatz | Spinne | Spitzmaus | Sperling

Spatz, Sperling, Spinne, Spitzmaus

Ich kann jetzt …	✓
… die Anlaute von Wörtern hören und aufschreiben.	○
… das Abc aufschreiben.	○
… Wörter nach dem Abc ordnen.	○

10

Wörter in Silben zerlegen und zusammensetzen
Test

1 Markiere die Selbstlaute grün und die Umlaute blau.

Ast | Hund | dünn | Wind | blöd
März | Mond | klug | nett | Bank

Tipp zum Lösen der Aufgabe: Merkkasten 1 „Selbstlaute und Umlaute“

2 Welcher Selbstlaut oder Umlaut fehlt? Setze ein.

 Br o t |  T i sch

 R a d |  K u h

12 zw ö lf |  K ä se

 H e rz |  gr ü n

Tipp zum Lösen der Aufgabe: Merkkasten 1 „Selbstlaute und Umlaute“

3 Zeichne Silbenbögen.

Korb | Apfel | Birne | Krokodil
Gänseblume | grün | Kiste | Elefant
Löwe | Regenbogen | Käsekuchen
Rübe | Flügel | Hosentasche
Marmeladenbrot | Müsli | Ei

Tipp zum Lösen der Aufgabe: Merkkasten 2 „Wörter bestehen aus Silben“

4 Welches Wort aus **Aufgabe 3** hat die meisten Silben? Schreibe auf.

Marmeladenbrot

Tipp zum Lösen der Aufgabe: Merkkasten 2 „Wörter bestehen aus Silben“

11

Wörter in Silben zerlegen und zusammensetzen

Hinweis

1 Selbstlaute und Umlaute

Selbstlaute sind die Buchstaben: **a, e, i, o, u.**

Umlaute sind die Buchstaben: **ä, ö, ü.**

1 Markiere die Selbstlaute grün und die Umlaute blau.

k	a	n	e	t	i	m	o	d	u
c	f	ä	b	ö	r	s	t	ü	z

2 Markiere die Selbstlaute grün.

acht Heft Schrift rot Buch

3 Markiere die Umlaute blau.

Bär schön fünf Öl früh

4 Schreibe das Wort. Markiere die Selbstlaute grün.

 Fisch  Dach  Hut

 Pferd  Ball  Koch

 Kamm  Heft  Schiff

12

Wörter in Silben zerlegen und zusammensetzen

Hinweis

2 Wörter bestehen aus Silben

Es gibt Wörter mit einer Silbe oder mit mehreren Silben.

In jeder Silbe ist immer nur **ein Selbstlaut oder Umlaut**.

Beispiele: grün singen Küchentisch Marmelade

Mit **Silbenbögen** kannst du die Silben in einem Wort gut erkennen.

5 Lies die Silben.
Schreibe die Wörter. Zeichne Silbenbögen.

Ha se – Hose
Sa lat – Salat
Blu me – Blume
Pfir sich – Pfirsich

Ba na ne – Banane
A mei se – Ameise
To ma te – Tomate
Schmet ter ling – Schmetterling

Son nen blu me – Sonnenblume
Re gen bo gen – Regenbogen
Man da ri ne – Mandarine
Gur ken sa lat – Gurkensalat

13

Wörter in Silben zerlegen und zusammensetzen

Hinweis

6 Welche Startsilbe passt? Verbinde und schreibe das Wort auf.

En / So – te – Ente
Gel / Tul – pe – Tulpe
Do / Ku – se – Dose
Kä / Bän – fer – Käfer
Zi / Schna – bel – Schnabel
Flü / Er – de – Erde

7 Welche Endsilbe passt? Verbinde und schreibe das Wort auf.

Bir – ne / la – Birne
Sche – ke / re – Schere
Ho – ke / se – Hose
Ra – sen / her – Rasen
Kir – se / sche – Kirsche
Pfüt – eln / ze – Pfütze

14

Wörter in Silben zerlegen und zusammensetzen

Hinweis

8 Welche Wörter findest du? Schreibe sie auf.

Gür- Dat- Zet- Beu- | -tel – Gürtel, Dattel, Zettel, Beutel

Re- le- lie- Zie- flie- | -gen – Regen, legen, liegen, Ziegen, fliegen

Va- Fal- Pos- Win- | -ter – Vater, Falter, Poster, Winter

15

Wörter in Silben zerlegen und zusammensetzen

Hinweis

9 Zeichne Silbenbögen. Schreibe die Wörter in die Tabelle.

Tintenfisch Waschbär Taschenlampe Riesenschlange
Gartenzwerg Feder Dotterblume Elefant Sonne

zwei Silben	drei Silben	vier Silben
Waschbär	Tintenfisch	Taschenlampe
Feder	Gartenzwerg	Riesenschlange
Sonne	Elefant	Dotterblume

10 Setze aus den Silben Wörter zusammen.
Welche Bilder bleiben übrig? Kreise sie ein.

Kü tisch chen — Küchentisch
Ge se mü — Gemüse
pa Pa gei — Papagei
gel nest Vo — Vogelnest

Ku ga chen bel — Kuchengabel
Sei scha le fen — Seifenschale
cher gal Bü re — Bücherregal
stän No der ten — Notenständer

16

Wörter in Silben zerlegen und zusammensetzen

Hinweis

11 Löse das Silbenrätsel.

Au Bie deln Fin fel ge ger Ha ne
Mon Nu re Sche Spin se tag Wür ne

Du hast 2 davon und siehst damit: Auge
Du schneidest damit: Schere
Er hoppelt und hat weiches Fell: Hase
Sie sammelt Nektar für Honig: Biene
Du hast 5 an jeder Hand: Finger
Sie schmecken mit Tomatensoße: Nudeln
Er hat 6 Augen und du spielst damit: Würfel
Sie wohnt in ihrem Netz: Spinne
Der erste Tag der Woche: Montag

Die erste Silbe der gesuchten Wörter wird großgeschrieben.

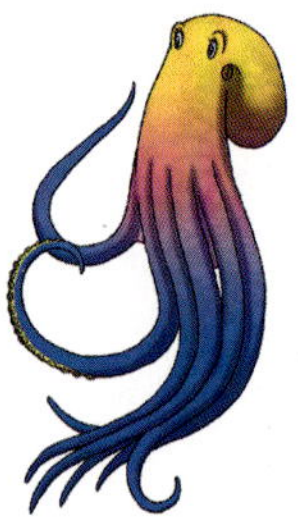

12 Welche Wörter haben gleich viele Silben?
Male sie in der gleichen Farbe an.

Hubschrauber Bananenschale Federmäppchen Zwiebelschale Gemüsekiste Hühnerei

17

Wörter in Silben zerlegen und zusammensetzen

Vertiefung

Wörter in Silben sprechen und richtig schreiben

Wenn wir schnell reden, sprechen wir einige Buchstaben oft nicht deutlich aus. **Sprich** daher **beim Schreiben** alle Wörter **langsam und in Silben** mit, damit du keine Buchstaben vergisst.

Beispiele: vergessn → ver ges sen Zetl → Zet tel

1 Achtung Fehler! Sprich die Wörter langsam und in Silben.
Schreibe sie dann richtig auf.

lesn → lesen Regntropfn → Regentropfen
Mantl → Mantel Mitl → Mittel
sehn → sehen Klasnzimmr → Klassenzimmer

2 Sprich die Wörter langsam und in Silben. Schreibe sie dann richtig auf.

 Tafel  Gürtel  Sessel

 Leiter  Pinsel  Blätter

Ich kann jetzt …	✓
… Selbstlaute und Umlaute erkennen.	○
… Wörter in Silben zerlegen und Silbenbögen zeichnen.	○
… Wörter aus mehreren Silben zusammensetzen.	○
… Wörter in Silben sprechen und richtig schreiben.	○

18

Genau lesen

Test

1 Verbinde.

Tipp zum Lösen der Aufgabe: Merkkasten 1 „Wörter lesen"

der Baum
die Blüte
der Tisch
die Ameise
die Zahnbürste

2 Stimmt das?
Betrachte das Bild und kreuze richtige Sätze an.

Tipp zum Lösen der Aufgabe: Merkkasten 2 „Sätze lesen"

☒ Die Biene sitzt auf der Blume.
☒ Der Frosch sitzt im Gras.
○ Ein Ei liegt im Gras.
☒ Ein Pilz steht am Zaun.
○ Der Fisch liegt am Zaun.

19

Genau lesen

Hinweis

1 Wörter lesen

Lies jedes Wort langsam, **Silbe für Silbe**.
Lies das Wort noch einmal laut, wenn du es nicht verstehst.

1 Verbinde.

das Fenster
die Gurke
der Saft
der Hase
die Kiste

2 Streiche die falsche Silbe durch.

E	~~gel~~	sel	
Rau	~~di~~	pe	
re	~~de~~	Sche	
gen	schirm	Re	~~ver~~
~~fin~~	Kro	dil	ko

20

Genau lesen

Hinweis

3 Kreise das richtige Wort ein.

Baum	Bart	Blase	Blume
Rose	Hose	Dose	Lose
Rind	Kind	Wind	Zimt
Tor	Tier	Tür	Tüte
Apfel	Pflaume	Traube	Apfelsine

4 Welches Wort passt nicht in die Reihe? Streiche durch.

Bus Auto ~~Apfel~~ Zug

Gabel Löffel Messer ~~Ziege~~

Stift Heft Mäppchen ~~Bett~~

Ente ~~Wasser~~ Eule Schmetterling

5 Lies und male aus.

Male das Heft rot.

Male den Stift blau.

Male den Ranzen grün.

Male das Mäppchen gelb.

21

Genau lesen

Hinweis

6 Welche Reihenfolge stimmt? Kreuze an.

○ Tanne Pfanne Wanne Kanne

☒ Tanne Pfanne Kanne Wanne

2 Sätze lesen

Lies jeden Satz langsam, **Wort für Wort**.
Lies den Satz noch einmal laut, wenn du ihn nicht verstehst.

7 Verbinde.

Das ist ein Zelt.

Ben hat einen Schal.

Aylin spielt Flöte.

Opa isst ein Eis.

Die Maus knabbert am Käse.

Die Maus knabbert an einem Apfel.

22

Genau lesen

Hinweis

8 Kreuze die richtigen Sätze an.

☒ Auf der Wiese stehen fünf Blumen.
☒ Drei Schmetterlinge fliegen über die Wiese.
○ Drei Schweinchen stehen auf der Wiese.

○ Auf der Blüte sitzt der Bär.
☒ Auf der Blüte sitzt die Biene.
○ Auf dem Baum sitzt die Biene.

9 Streiche das falsche Wort durch.

Tessa Tinte ist ~~Haus~~ sehr klug.

Unsere Schule hat ~~groß~~ einen Pausenhof.

Im Sommer ~~hoch~~ scheint oft die Sonne.

In der Schule lerne ich lesen ~~kalt~~.

Hunde ~~muhen~~ bellen manchmal.

10 Kreuze die richtigen Sätze an.

Was tun Autos?

○ Autos fliegen über die Straße.
○ Autos fahren auf Schienen.
☒ Autos fahren auf der Straße.

Was tun Züge?

○ Züge schweben auf einem Seil.
☒ Züge fahren auf Schienen.
○ Züge fallen auf Schienen.

23

Genau lesen
Hinweis

Was tun Flugzeuge?

○ Flugzeuge flattern mit den Flügeln.
○ Flugzeuge schwimmen über den Fluss.
☒ Flugzeuge fliegen.

Was tun Schiffe?

○ Schiffe backen Brot.
☒ Schiffe fahren über den Fluss.
☒ Schiffe fahren über das Meer.

11 Lies die Sätze. Male das Bild. *

Auf der Wiese steht ein Baum.

Am Baum hängen fünf Äpfel.

Eine Frau geht mit ihrem Hund spazieren.

Am Himmel fliegen drei Vögel.

24 * individuelle Lösung

Genau lesen
Vertiefung

Texte lesen

Lies einen Text **langsam** durch. Unterstreiche ein Wort, wenn du es nicht verstehst. Schlage es in einem Wörterbuch nach oder frage jemanden.

Lies dann jeden Satz und die unterstrichenen Wörter **noch einmal, bis du alles verstanden hast.**

1 Lies den Text. Kreuze die richtigen Aussagen an.

> In den Ferien fahren Jan und Anna zu ihren Großeltern.
> Die Großeltern wohnen in einem kleinen Dorf. Dort gibt es einen Bauernhof.
> Im Stall dürfen Jan und Anna zuschauen, wenn die Kühe gemolken werden.

☒ In den Ferien fahren Anna und Jan zu ihren Großeltern.
○ In den Ferien fahren Anna und Jan in die Stadt.
☒ Die Großeltern wohnen im Dorf.
☒ Im Dorf gibt es auch einen Bauernhof.
○ Im Dorf gibt es auch ein Hochhaus.
○ Anna darf die Kühe melken.

Lies die erste Aussage. Stimmt sie oder nicht? Suche im Text nach einer Antwort. Lies dann die nächste Aussage.

25

Genau lesen
Vertiefung

2 Lies den Text. Kreuze die richtigen Antworten an.

> Auf einer Weide gibt es auch Schafe.
> Jan darf ihnen manchmal Gras bringen. Dann streichelt er ein Schaf.
> Die Wolle ist ein bisschen kratzig. Aber die Schafe sind friedlich.
> Bei den Schafen stehen auch fünf Ziegen. Sie vertragen sich gut.

Was darf Jan den Schafen bringen?
○ Möhren
○ Äpfel
☒ Gras

Wen streichelt Jan?
☒ ein Schaf
○ einen Igel
○ eine Katze

Wie fühlt sich die Wolle an?
○ weich
○ hart
☒ kratzig

Welche Tiere stehen auf der Weide?
○ nur Kühe
☒ Schafe und Ziegen
○ Kühe und Schafe

Vertragen sich die Schafe mit den Ziegen?
☒ ja
○ nein
○ Das steht nicht im Text.

26

Genau lesen
Vertiefung

3 Lies den Text.
Welche Bilder passen zum Text? Male sie aus.

> 1 Auf der großen Wiese hinter dem Haus leben die Hühner.
> 2 Sie haben ein Hühnerhaus, in dem sie nachts schlafen.
> 3 Tagsüber laufen sie auf der Wiese herum. Ein Hund passt gut
> 4 auf die Hühner auf.
> 5 Jedes Huhn legt ein Ei am Tag. Jan und Anna dürfen die Eier
> 6 einsammeln.
> 7 Vorsichtig heben sie die Eier auf. Damit keines zerbricht,
> 8 legen sie die Eier in Kartons.

27

4 Löse das Rätsel.

Wer bin ich?

Ich werde im Stall gemolken: eine Kuh

Meine Wolle ist kratzig: ein Schaf

Wir vertragen uns gut mit den Schafen: die Ziegen

Ich passe auf die Hühner auf: der Hund

Die Texte aus den Aufgaben 1, 2 und 3 helfen dir.

Überschriften von Texten

Oft steht **über einem Text** eine **Überschrift**. Sie verrät dir, **worum es in dem Text geht**.

Du kannst dann schon vor dem Lesen überlegen, was in dem Text steht. Das hilft dir beim Lesen und Verstehen des Textes.

5 Du liest in einem Buch die Überschrift „Der Garten der Familie Sen". Worum könnte es in dem Text gehen? Kreuze an.

- ◯ In dem Text wird die Familie Sen vorgestellt.
- ◯ In dem Text wird das Haus der Familie Sen beschrieben.
- ☒ In dem Text steht, welche Blumen und Bäume es in dem Garten der Familie Sen gibt.
- ◯ Der Text handelt davon, wie sich ein Junge im Garten des Zauberers Sen verirrt.

6 Welche Überschrift gehört zum Text? Verbinde.

Frau Sen pflanzt einen Apfelbaum. Sie freut sich auf die Ernte. Dann gibt es leckere Äpfel aus dem eigenen Garten. Sie kann Apfelmus daraus kochen oder Kuchen backen. → Äpfel aus dem eigenen Garten

Im Garten der Sens wohnt ein Igel. Er schläft am Tag. Wenn es dunkel wird, können die Sens ihn sehen und hören. Der Igel ist sehr laut. Er schmatzt beim Essen. Wenn er seine Ruhe haben will oder böse ist, faucht er. → Ein lauter Igel

Überschriften: Frau Sen backt Kirschkuchen / Äpfel aus dem eigenen Garten / Ein Tag mit dem Igel / Ein lauter Igel

Ich kann jetzt …	✓
… Wörter lesen und Bildern zuordnen.	◯
… falsche Silben aus Wörtern herausstreichen.	◯
… Sätze lesen und Bildern zuordnen.	◯
… falsche Wörter aus Sätzen herausstreichen.	◯
… Texte lesen und richtige Aussagen dazu ankreuzen.	◯
… Texte lesen und passende Bilder zuordnen.	◯
… Überschriften und Texte zuordnen.	◯

1 Lies die Sätze. Kreuze richtige Aussagen an.

Tipp zum Lösen der Aufgabe: Merkkasten 1 „Sätze verstehen"

- ◯ Der Hund fliegt in den Park.
- ☒ Das Eichhörnchen klettert auf einen Baum.
- ◯ Aylin liest ein Butterbrot.
- ◯ Das Baby fährt Auto.
- ☒ Der Baum hat einen Stamm.
- ☒ Die Blume duftet gut.
- ◯ Die Katze malt ein Bild.
- ◯ Der Fisch schreibt einen Brief.

2 Bilde aus den Wörtern einen Satz.

Tipp zum Lösen der Aufgabe: Merkkasten 1 „Sätze verstehen"

Noah Tischtennis spielt
Noah spielt Tischtennis.

Sofia auf dem Spielplatz ist
Sofia ist auf dem Spielplatz.

Hundekuchen mag Bello
Bello mag Hundekuchen.

eine Geschichte Papa erzählt
Papa erzählt eine Geschichte.

machen eine Radtour Wir
Wir machen eine Radtour.

einen Schatz Tessa findet
Tessa findet einen Schatz.

1 Sätze verstehen

Lies jeden Satz langsam, **Wort für Wort**.

Am Anfang steht meist eine Person, ein Tier oder eine Sache.

Danach steht, was sie tut.

Beispiele: Die Frau schreibt einen Brief.
Person – das tut sie

1 Lies die Sätze. Kreuze das passende Bild an.

Der Junge isst einen Apfel.
☒ 
◯ 

Die Frau trägt einen Hut.
◯ 
☒ 

Der Postbote klingelt an der Tür.
◯ 
☒ 

Die Katze schnuppert an der Blume.
☒ 
◯ 

Mitteilungen
Hinweis

2 Lies die Satzpaare. Kreuze richtige Aussagen dazu an.

Sofia geht zur Schule. Sie geht zusammen mit Anna.
- ☒ Sofia und Anna gehen zusammen zur Schule.

Ben und Rami lesen eine Geschichte. Ben liest einen Satz, dann liest Rami.
- ○ Ben und Rami lesen Zeitung.

Mia geht zu Aylin zum Basteln. Sie basteln Postkarten.
- ☒ Mia und Aylin basteln.

3 Bilde aus den Wörtern einen Satz. **

kochen Lea Papa und
Lea und Papa kochen.

Hunde Knochen mögen
Hunde mögen Knochen.

Schnee leise Der fällt
Der Schnee fällt leise.

mit Honig ein Butterbrot hat Can
Can hat ein Butterbrot mit Honig.

Lotta Tomaten hat und ein Knäckebrot
Lotta hat Tomaten und ein Knäckebrot.

am Wochenende Samira Freundin ihre besucht
Samira besucht ihre Freundin am Wochenende.

 ** Beispiellösung

Mitteilungen
Vertiefung

Mitteilungen verstehen

Mitteilungen sind **kurze Nachrichten**. Eine Mitteilung schreibst du, wenn du einer Person etwas sagen möchtest und diese Person ist nicht da.

Am Anfang steht die **Anrede**, am Ende steht die **Unterschrift**.

Beispiel: Liebe Mama, ← Anrede
ich bin bei Oma.
Finn ← Unterschrift

1 Lies die Mitteilung. Kreuze an.

Lieber Onkel Peter,
wir gehen zum Fußball.
Wir sind um 7 Uhr wieder zu Hause.
Machst du Nudeln?
Lotta

Die Mitteilung ist für: ☒ Onkel Peter ○ Lotta

Die Mitteilung ist von: ○ Onkel Peter ☒ Lotta

2 Was teilt Lotta ihrem Onkel Peter in der Mitteilung von **Aufgabe 1** mit? Markiere richtige Aussagen.

Lotta geht zum Turnen.
Lotta geht zum Fußball. (markiert)
Sie kommt um 7 Uhr nach Hause. (markiert)
Sie kommt um 7 Uhr zur Schule.
Sie fragt, ob Onkel Peter Salat macht.
Sie fragt, ob Onkel Peter Nudeln macht. (markiert)

Mitteilungen
Vertiefung

3 Lies die Mitteilung. Ordne diese Begriffe zu: Unterschrift, Anrede.

Lieber Emil, ← Anrede
bitte geh heute einkaufen.
Bring Brot, Butter und Marmelade mit.
Danke!
Ich bin um 5 Uhr wieder zu Hause.
Mama ← Unterschrift

4 Lies die Mitteilung von **Aufgabe 3**. Kreuze die richtigen Aussagen an.

- ○ Die Mitteilung ist für Egon.
- ☒ Emil soll einkaufen.
- ○ Emil soll Paprika und Tomaten einkaufen.
- ○ Emil soll erst morgen einkaufen.
- ☒ Emil soll Brot mitbringen.
- ☒ Emils Mutter ist um 5 Uhr wieder zurück.
- ○ Die Mitteilung hat Emils Vater geschrieben.

5 Ordne die Sätze. Schreibe die Mitteilung richtig auf. **

ich bin bei Yassin.
Hallo Mama,
Ich bin um 7 Uhr wieder daheim.
Kuss Lea
Yassins Mama macht Essen.

Hallo Mama,
ich bin bei Yassin.
Ich bin um 7 Uhr wieder daheim.
Yassins Mama macht Essen.
Kuss Lea

 ** Beispiellösung

Mitteilungen
Vertiefung

6 Schreibe eine Mitteilung an deinen Vater. **

- Du bist mit Lea auf dem Spielplatz.
- Leas Mama bringt dich nach Hause.
- Du hast deine Aufgaben schon gemacht.

Lieber Papa,
ich bin mit Lea zum Spielplatz gegangen.
Leas Mama kommt und bringt mich heim.
Ich habe meine Aufgaben schon gemacht.
Liebe Grüße
Can

Denke an die Anrede und deine Unterschrift.

Ich kann jetzt …	✓
… Sätze verstehen und richtige Aussagen ankreuzen.	○
… aus vorgegebenen Wörtern Sätze bilden.	○
… eine Mitteilung verstehen.	○
… eine Mitteilung schreiben.	○

** Beispiellösung

1 Welcher Satz passt zu welchem Bild?
Trage die Nummern ein.

Tipp zum Lösen der Aufgabe: Merkkasten 1 „Einen Satz für ein Bild auswählen"

1 Tim und Mohammed malen.
2 Can und Lilly rechnen.
3 Ben und Layla schreiben.

2 Schreibe zu jedem Bild einen Satz. **

Tipp zum Lösen der Aufgabe: Merkkasten 2 „Sätze zu Bildern schreiben"

Zwei Kinder spielen.

Vier Kinder fahren Fahrrad.

Drei Katzen fressen.

 **Beispiellösung

1 Einen Satz für ein Bild auswählen
Schau dir das Bild genau an: Wer ist zu sehen? Was tut die Person?
Lies dann die Sätze. Entscheide, welcher Satz zu dem Bild passt.

1 Welcher Satz passt zum Bild? Kreuze an.

☐ Die Frau liest.
☒ Die Frau wandert.
☐ Die Frau kocht.

☐ Der Mann läuft.
☐ Der Mann sitzt.
☒ Der Mann tanzt.

☒ Der Junge trinkt.
☐ Der Junge hüpft.
☐ Der Junge bastelt.

☐ Das Mädchen schwimmt.
☐ Das Mädchen turnt.
☒ Das Mädchen singt.

☐ Der Vogel singt.
☒ Der Vogel fliegt.
☐ Der Vogel badet.

2 Sätze zu Bildern schreiben
Schau dir das Bild genau an: Wen kannst du sehen? Was tut die Person? Wo ist sie?

2 Schreibe zu jedem Bild einen Satz. **

Eine Familie geht am See spazieren.

Auf dem See schwimmt eine Entenfamilie.

Der Hund der Familie springt in den See.

Die Enten schwimmen schnell weg.

Ganz nass kommt der Hund aus dem See.

 **Beispiellösung

3 Wähle weitere Bilder zu der Geschichte von **Aufgabe 2** aus.
Kreuze sie an und schreibe einen Satz dazu.

Dieses Bild passt **vor** die anderen Bilder:

 ☐
 ☐
 ☒

Die Familie geht mit dem Hund aus dem Haus. **

Dieses Bild passt **als letztes Bild**:

 ☐
 ☒
 ☐

Der Vater trocknet den Hund ab. **

Bilder können eine Geschichte erzählen.

**Beispiellösung

Geschichten — Vertiefung

Die richtige Reihenfolge für eine Bildergeschichte finden
Schau dir die Bilder ganz genau an. Versuche, die Geschichte zu erzählen. Wie kann sie beginnen? Wie kann sie enden?

1 Ordne die Bilder der Bildergeschichte. Nummeriere. Schreibe dann zu jedem Bild einen Satz. **

2 — Can spielt den Ball

3 — Der Ball fliegt in den Baum.

1 — Sofia und Can spielen Federball.

40 ** Beispiellösung

Geschichten — Vertiefung

2 Schau dir die Bilder an und lies, wie die Geschichte von **Aufgabe 1** weitergeht. Fülle die Lücken aus.

~~stehen~~ • ruft • Pech • schütteln • Federball
kriegen • Idee • Stein • helfen

Can und Sofia stehen ratlos unter dem Baum. Der Federball steckt im Baum. So ein Pech!

Dann versuchen Can und Sofia, den Baum zu schütteln. Aber der Ball bewegt sich nicht.

Sofia ruft ihre Mutter. „Mama, wie kriegen wir den Federball bloß wieder? Kannst du uns helfen?"

Sofias Mutter hat eine Idee. Sie holt einen Stein.

41

Geschichten — Vertiefung

3 Male und schreibe die Geschichte von **Aufgabe 1 und 2** fertig. **

Mit dem Stein wirft Sofias Mutter nach dem Ball.

Der Ball fällt vom Baum.

Alle jubeln. Jetzt können Sofia und Can weiterspielen.

Ich kann jetzt …	✓
… Sätze Bildern zuordnen.	◯
… Sätze zu Bildern schreiben.	◯
… zusätzliche Bilder zu einer Geschichte finden.	◯
… eine Bildergeschichte in die richtige Reihenfolge bringen.	◯
… eine Geschichte fertig schreiben.	◯

42 ** Beispiellösung

Gedichte — Test

1 Schreibe die Wörter unter die Bilder. Welche Wörter klingen gleich? Verbinde.

Tipp zum Lösen der Aufgabe: Merkkasten 1 „Reimwörter erkennen"

Fisch

Fee

Schal

Tisch

Klee

Wal

Haus

Maus

(Fisch – Tisch, Schal – Wal, Klee – Fee, Haus – Maus)

2 Welche Reimwörter fehlen in dem Gedicht? Ergänze.

Tipp zum Lösen der Aufgabe: Merkkasten 2 „Reimwörter finden"

Am großen See
wohnt eine Fee
im Klee.
Sie trinkt gern Tee
und auch Kaffee.

43

1 Reimwörter erkennen

Einige Wörter **hören sich am Ende gleich an**. Diese Wörter reimen sich.

Beispiele: **Kind – Wind, Hose – Rose**

Sprich dir die Wörter leise vor. Dann kannst du den Reim hören.

1 Sprich die Wörter.
Welche Wörter reimen sich? Kreise sie mit der gleichen Farbe ein.

2 Markiere in jeder Zeile das passende Reimwort.

Dose:	Hose	Dorf	Moos
Liege:	liegen	Fliege	Zwiebel
Hase:	Hose	Vase	Rasen
Tanne:	wann	Wonne	Wanne

3 Markiere die Buchstaben, die am Ende der Wörter gleich klingen.

Meer – Teer	Pfanne – Kanne
Klappe – Mappe	sitzen – flitzen
müssen – küssen	Topf – Knopf
Mund – Hund	Trauben – Schrauben

2 Reimwörter finden

Lass beim Sprechen eines Wortes den Laut am Anfang weg.
Setze dafür einen anderen Laut ein.

Beispiel: Fliege → ? iege → Ziege

4 Setze das Reimwort ein.

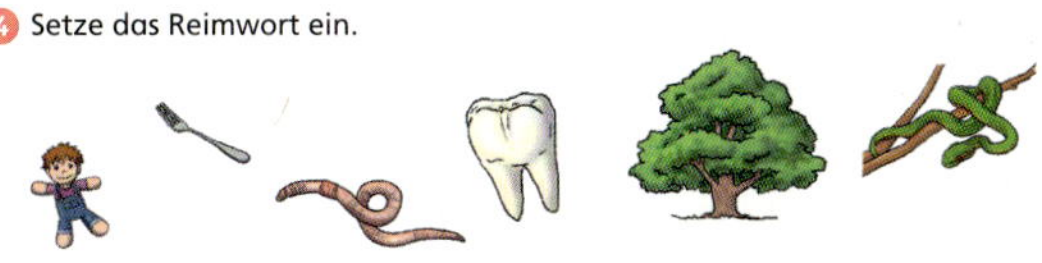

Schnabel – Gabel	Zange – Schlange
Traum – Baum	Suppe – Puppe
Turm – Wurm	Hahn – Zahn

5 Setze in dem Gedicht Reimwörter ein.

Hinter dem Haus
wohnt eine Maus,
die hat 'ne Laus,
oh Graus!
Ich halt's nicht aus,
sagt da die Maus,
das juckt so sehr,
ich mag nicht mehr
und schickt die Laus
hinaus.

hinaus · Maus · Laus · Graus · aus · mehr · Maus · Laus

6 Schreibe Sätze mit Reimen. **

Neben der Frau
steht ein Pfau.

Vor der Ziege
fliegt eine Fliege.

Der kleine Reiter
braucht eine Leiter.

** Beispiellösung

7 Setze die Reimwörter ein. Markiere die Buchstaben, die sich reimen.

Wir

1 Ich bin ich und du bist du.
2 Wenn ich rede, hörst du zu.
3 Wenn du sprichst, dann bin ich still,
4 weil ich dich verstehen will.

5 Wenn du fällst, helf' ich dir auf,
6 und du fängst mich, wenn ich lauf.
7 Wenn du kickst, steh ich im Tor,
8 pfeif ich Angriff, schießt du vor.

9 Spielst du pong, dann spiel ich ping,
10 und du trommelst, wenn ich sing.
11 Allein kann keiner diese Sachen,
12 zusammen können wir viel machen.

13 Ich mit dir und du mit mir –
14 das sind wir.

Irmela Brender

~~zu~~ · machen · lauf · sing · will · wir · vor

In manchen Gedichten reimen sich die Wörter am Ende der Zeilen. Das kann die erste und zweite Zeile sein. Dann kommen andere Reimwörter in der dritten und vierten Zeile.

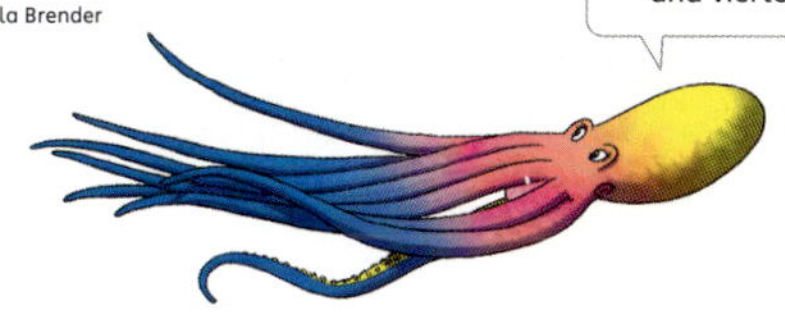

Elfchen

In manchen Gedichten reimen sich die Wörter am Ende der Zeilen nicht, zum Beispiel bei einem Elfchen.

Elfchen bestehen aus **fünf Zeilen** und **elf Wörtern**:

1. Zeile, ein Wort:	Schatten
2. Zeile, zwei Wörter:	ich staune
3. Zeile, drei Wörter:	so viele Bäume
4. Zeile, vier Wörter:	und so viele Blätter
5. Zeile, ein Wort:	Wald

1 Welches Gedicht ist ein Elfchen? Male es an.

Spaß
meine Freunde
auf dem Spielplatz
wir schaukeln und rutschen
Sommertag

Morgens früh um sechs
1 kommt die kleine Hex.

2 Morgens früh um sieben
3 schabt sie gelbe Rüben.

4 Morgens früh um acht
5 wird Kaffee gemacht.

6 Morgens früh um neun
7 geht sie in die Scheun'.

8 Morgens früh um zehn
9 holt sie Holz und Spän'.

10 Feuert an um elf,
11 kocht dann bis um zwölf.

12 Fröschebein und Krebs und Fisch,
13 hurtig Kinder, kommt zu Tisch!

2 Lies die Gedichte von **Aufgabe 1**. Kreuze richtige Aussagen an.

- ☒ Das Elfchen heißt „Spaß".
- ☒ Das Gedicht „Spaß" hat elf Wörter.
- ○ Das Gedicht „Die Feder" hat elf Wörter.
- ☒ In der ersten Zeile von „Spaß" steht nur ein Wort.
- ☒ In der letzten Zeile von „Spaß" steht auch nur ein Wort.

3 Setze die Wörter und Satzteile zu einem Elfchen zusammen.

gibt mir tolle Tipps
Tintenfisch
kluger Kopf
Tessa
und viele Arme

Tintenfisch
kluger Kopf
und viele Arme
gibt mir tolle Tipps
Tessa

Ich kann jetzt …	✓
… Reime erkennen.	○
… Reimwörter finden und an der richtigen Stelle einsetzen.	○
… Sätze mit Reimen schreiben.	○
… Elfchen erkennen und schreiben.	○

1 Welche Figuren passen zu einem Märchen? Kreise sie ein.

Tipp
zum Lösen der Aufgabe: Merkkasten 1 „Märchenfiguren"

1 Märchenfiguren

In Märchen können die Figuren oft **Dinge tun, die nicht möglich sind**.

Beispiele: Eine Hexe verwandelt einen Prinzen in einen Frosch.
Ein Wolf spricht.
Feen lassen eine Prinzessin 100 Jahre schlafen.

Weitere Märchenfiguren sind zum Beispiel: Königin, Zauberer, Riese, Drachen, Frosch.

1 Schreibe die Märchenfiguren auf.

 der Zauberer

 die Fee

 die Königin

 der Prinz

 der Wolf

 der Riese

Überschriften von Märchen

Die **Überschriften** von Märchen verraten dir oft, **um wen es im Märchen geht.** Dann steht in der Überschrift der Name einer Figur, die in dem Märchen vorkommt.

1 Um wen geht es in den Märchen? Verbinde.

Das tapfere Schneiderlein | Rotkäppchen | Die sieben Raben

2 Kreuze an, welche Überschrift zu einem Märchen gehören könnte.

- ☒ Der Froschkönig
- ☒ Der Wolf und die sieben Geißlein
- ☐ Der Schulgarten
- ☒ Schneeweißchen und Rosenrot
- ☐ Das Fußball-Turnier
- ☐ Detektiv Spürnase und das Spukhaus im Wald

Besondere Sätze in Märchen

Märchen **beginnen mit besonderen Sätzen** wie zum Beispiel „Es war einmal …“ oder „In den alten Zeiten, in denen das Wünschen noch geholfen hat …“.

Märchen haben immer ein gutes Ende. Daher stehen auch **am Ende besondere Sätze** wie „Und sie lebten glücklich bis an ihr Lebensende“ oder „Und wenn sie nicht gestorben sind, so leben sie noch heute“.

3 Welche Sätze passen zu Märchen? Male sie an.

- Als uns gestern mein Onkel besuchte …
- Es war einmal …
- Vor langer Zeit …
- Am Sonntagmorgen schlief ich lange …
- Und sie lebten glücklich bis ans Ende ihrer Tage.
- Einst lebte …
- Rosen sind besondere Pflanzen.
- Und sie lebten gut bis an ihr Lebensende.
- Das Ding sah aus wie ein Raumschiff.

Wusstest du, dass man von Beruf Märchenerzähler werden kann?

4 Lies das Märchen. Markiere die besonderen Sätze.

Sterntaler

Es war einmal ein Mädchen, dessen Eltern gestorben waren. Es hatte nur die Kleider, die es anhatte, und ein Stückchen Brot, das ihm jemand geschenkt hatte.

Auf seinem Weg begegnete ihm ein armer Mann. Der war sehr hungrig. Das Mädchen gab ihm sein Brot.

Als Nächstes begegnete ihm ein Kind, das am Kopf sehr fror. Da gab das Mädchen ihm seine Mütze.

Danach begegnete dem Mädchen noch ein Kind. Das fror auch. Das Mädchen gab ihm sein Röckchen.

Auf dem Weg in den Wald traf es noch ein Kind. Dem gab es sein letztes Hemdchen.

Und als es dort im Dunkeln stand und nichts mehr hatte, fielen aus dem Himmel viele, viele Taler. Wie Sterne regneten sie herunter. Und das Mädchen hatte ein ganz feines Hemdchen an. Es sammelte alle Taler. Nun war es reich bis an sein Lebensende.

Was passiert in Märchen?

In Märchen passieren Dinge, die nicht möglich sind. Die Hauptfiguren müssen oft **schwierige Aufgaben lösen** und **Abenteuer bestehen**.

Beispiele: Rotkäppchen wird vom Wolf gefressen und wieder befreit.

Eine Schwester findet ihre Brüder, die in Raben verwandelt waren.

Ein Schneider besiegt zwei Riesen, ein Einhorn und ein Wildschwein und wird König.

5 Lies das Märchen „Sterntaler“ von **Aufgabe 4** (Seite 54). Bringe die Bilder in die richtige Reihenfolge.

6 Welche schwierigen Aufgaben und Abenteuer hat das Mädchen in dem Märchen „Sterntaler“ von **Aufgabe 4** (Seite 54) bestanden? Kreuze an.

- ☐ Das Mädchen hat sich in einen Raben verwandelt.
- ☒ Das Mädchen war sehr arm. Trotzdem hat es allen Menschen geholfen und gegeben, was es hatte.
- ☐ Das Mädchen wurde im Wald von einem Wolf bedroht und konnte fliehen.

Märchen

Vertiefung

7 Lies das Märchen.

Hänsel und Gretel

Hänsel und Gretel lebten mit ihrem Vater und ihrer Stiefmutter an einem Wald. Die Familie war sehr arm. Deswegen wollte die Stiefmutter Hänsel und Gretel in den Wald bringen und dort alleinlassen. Der Vater wollte das zwar nicht, aber die Stiefmutter überredete ihn.

Hänsel und Gretel verirrten sich im Wald. Am dritten Tag hatten sie großen Hunger. Sie kamen an ein Haus. Das Haus war aus Brot, Kuchen und Zucker gebaut. Sofort fingen die Kinder an zu essen.

Da hörten sie eine Stimme, die sagte: „Knusper, knusper, Knäuschen, wer knuspert an meinem Häuschen?"

Die Kinder antworteten: „Der Wind, der Wind, das himmlische Kind."

Da kam eine alte Frau aus dem Haus. Sie lud die Kinder ein und gab ihnen Pfannkuchen und ein Bett zum Schlafen.

Aber die Alte war eine Hexe. Sie sperrte Hänsel in einen Käfig im Schuppen. Gretel musste ihn füttern, damit er ganz fett würde. Dann wollte die Hexe ihn töten und essen.

Doch Gretel dachte sich eine List aus und stieß die Hexe in den Ofen. Da war die Hexe tot. Gretel ließ Hänsel aus dem Käfig. Sie nahmen das Gold und die Edelsteine, die die Hexe versteckt hatte. Dann gelang es ihnen, den Weg nach Hause zu finden. Der Vater war sehr froh, als er seine Kinder wiederhatte. Jetzt hatten sie keine Sorgen mehr.

Märchen

Vertiefung

8 Passen die Bilder zu „Hänsel und Gretel" von **Aufgabe 7**? Male die passenden Bilder aus.

9 Beantworte die Fragen zu „Hänsel und Gretel" von **Aufgabe 7**.

Wo verirrten sich Hänsel und Gretel? im Wald

Woraus ist das Haus im Wald gebaut? aus Brot, Kuchen, Zucker

Wer wohnte in dem Haus? eine Hexe

Welche schwierige Aufgabe haben Hänsel und Gretel gelöst?

Sie haben sich von der Hexe befreit und den Weg nach Hause gefunden.

Warum hatten sie am Ende keine Sorgen mehr?

Hänsel und Gretel haben Gold und Edelsteine nach Hause gebracht.

Märchen

Vertiefung

10 Lies das Märchen „Der Wolf und die sieben Geißlein". Verbinde die Texte mit den richtigen Bildern.

Es war einmal eine Geiß, die hatte sieben Geißlein. Eines Tages ging sie in den Wald. Sie warnte die Geißlein: „Seid auf der Hut vor dem Wolf. Er hat schwarze Pfoten und eine raue Stimme. Macht ihm nicht auf!"

Bald klopfte es. Jemand rief: „Macht auf! Eure Mutter ist da!" Die Geißlein antworteten: „Du bist nicht unsere Mutter. Deine Stimme ist zu rau. Du bist der Wolf. Wir machen nicht auf."

Der Wolf fraß Kreide und klopfte erneut. Seine Stimme war anders. Aber die Geißlein sahen seine Pfote und riefen: „Deine Pfote ist schwarz. Du bist der Wolf. Wir machen nicht auf."

Der Wolf streute Mehl auf seine Pfote und klopfte wieder. Er zeigte seine weiße Pfote. Da öffneten die Geißlein die Tür.

Der Wolf fraß sechs Geißlein. Eins hatte sich im Uhrenkasten versteckt. Es kam erst heraus, als die Mutter heimkam. Zusammen fanden sie den Wolf schnarchend unter einem Baum.

Die Mutter holte die Geißlein aus dem Bauch des Wolfes. Sie legte sechs Wackersteine in seinen Bauch. Als der Wolf wach wurde, ging er zum Brunnen. Die schweren Wackersteine zogen ihn hinunter in den Brunnen. Da tanzten die Geiß und ihre Kinder vor Freude.

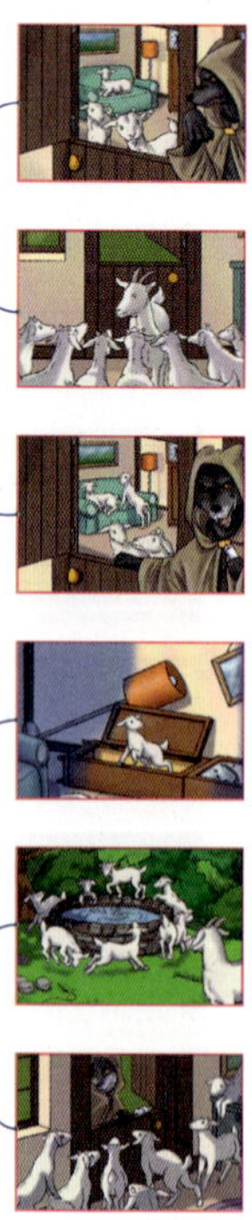

Märchen

Vertiefung

11 Löse das Rätsel zu „Der Wolf und die sieben Geißlein" von **Aufgabe 10**. Trage die Antworten im Rätsel ein.

① Vor wem warnt die Mutter?
② Woran können die Geißlein hören, dass der Wolf an der Tür ist?
③ Was frisst der Wolf, damit seine Stimme nicht mehr rau ist?
④ Woran können die Geißlein sehen, dass der Wolf an der Tür ist?
⑤ Womit macht der Wolf seine Pfote weiß?
⑥ Wo versteckt sich das 7. Geißlein?

Lösungswort: W A C K E R S T E I N E

Märchen
Vertiefung

12 Welche Figuren und Dinge aus den drei Märchen findest du? Trage sie in die Tabelle ein.

	Figuren	Dinge
Sterntaler	Mädchen	Taler
Hänsel und Gretel	Hänsel und Gretel, Hexe	Lebkuchenhaus, Käfig
Der Wolf und die sieben Geißlein	Sieben Geißlein, Wolf	Brunnen, Steine, Uhrenkasten

Ich kann jetzt …	✓
… Märchenfiguren erkennen und benennen.	◯
… mithilfe der Überschrift erkennen, um wen es im Märchen geht.	◯
… besondere Sätze erkennen, die in Märchen am Anfang und am Ende oft vorkommen.	◯
… nachvollziehen, welche Aufgaben und Abenteuer die Hauptfiguren in Märchen bestehen.	◯

60

Nomen
Einstiegsseite

1 Diese Wörter sind Nomen:

Lehrerin Mädchen Junge Hund
Pflanze Tisch Tafel Heft

Trage die Nomen ein.

Lehrerin Tafel Pflanze Hund

Tisch Mädchen Junge Heft

61

Nomen
Vertiefung

Was ist ein Nomen?
Nomen geben **Menschen, Tieren, Pflanzen oder Dingen** einen Namen.
Beispiele: Bäcker, Maus, Blume, Stuhl

1 Was ist das? Schreibe die Nomen auf.

Mann Köchin Vogel
Katze Baum Wolke
Blume Ranzen Igel

Großschreibung von Nomen
Nomen schreibst du immer **groß**.
Beispiele: **K**ind, **R**eh, **B**aum

2 Trage die richtigen Anfangsbuchstaben ein.

K w B Z P
p z W k b

Blatt Kamm Pinsel Wasser Zug
Pilz Korb Bonbon Zoo Wolle

62

Nomen
Vertiefung

3 Trage die Nomen ein.

Der Fisch lebt im Wasser.
Der Regen fällt aus der Wolke.
Die Birne wächst am Baum.
Das Kind fährt mit dem Rad.

Nomen haben Artikel (Begleiter)
Vor Nomen steht oft ein Artikel.
Die **bestimmten Artikel** sind: der, die, das.
Die **unbestimmten Artikel** sind: ein, eine.
Beispiele: **der** Elefant, **ein** Elefant

4 Setze den bestimmten Artikel ein: „der", „die" oder „das".

die Erde das Herz die Gurke der Würfel
der Igel die Kiste das Pferd der Grill

5 Setze den unbestimmten Artikel ein: „ein" oder „eine".

ein Buch eine Kuh ein Pilz eine Hose
eine Dose ein Buch ein Stein eine Lampe

6 Wo stehen die Artikel? Ergänze.

Die Artikel stehen vor den Nomen.

63

Nomen
Vertiefung

7 Schreibe das Wort auf und kreuze an.

Schere

	ja	nein
Ist das Wort ein Name für einen Menschen, ein Tier, eine Pflanze oder ein Ding?	X	○
Hat das Wort einen Artikel?	X	○
Ist das Wort ein Nomen?	X	○

Spinne

	ja	nein
Ist das Wort ein Name für einen Menschen, ein Tier, eine Pflanze oder ein Ding?	X	○
Hat das Wort einen Artikel?	X	○
Ist das Wort ein Nomen?	X	○

8 Markiere die Nomen.

Pudel	gehen	weich	**Füller**	jung	**Mama**
schmutzig	**Rock**	**Blitz**	eng	mit	**Zimmer**
Flasche	lachen	rot	oben	**Haus**	**Auto**

Ich kann jetzt …	✓
… Nomen erkennen.	○
… Nomen großschreiben.	○
… bestimmte und unbestimmte Artikel unterscheiden und vor Nomen setzen.	○

Adjektive
Einstiegsseite

1 Diese Wörter sind Adjektive:

fröhlich schmutzig dornig hoch wütend
traurig leicht ängstlich kaputt

Schreibe die Adjektive unter die passenden Bilder.

 fröhlich
 traurig
 wütend
 ängstlich
 schmutzig
 dornig
 kaputt
 leicht
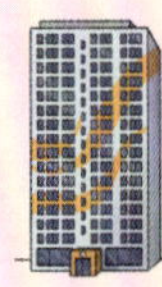 hoch

Adjektive
Vertiefung

Was sind Adjektive?

Adjektive **beschreiben Menschen, Tiere, Pflanzen oder Dinge.**

Sie beschreiben, **wie** etwas ist. Sie können auch beschreiben, wie man sich fühlt.

Beispiele: Das Kind ist **fröhlich**. Die Blume ist **schön**.

1 Wie fühlen sich die Kinder?
Verbinde die Adjektive mit den passenden Bildern.

müde erschreckt glücklich nachdenklich

2 Schreibe die Sätze fertig.

Die Tulpe ist rot.
Nach dem Fressen ist unsere Katze satt.
Manchmal ist mein Ranzen sehr schwer.
In der Klasse ist es leise.
Beim Sport renne ich ganz schnell.

leise schnell satt schwer rot

Adjektive
Vertiefung

3 Markiere die Adjektive.

Tessa Tinte ist sehr **schlau**.
Ihre acht Arme sind **lang**.
Ihre Augen sind **groß**.
Tessa taucht **schnell** und **tief**.
Wenn es **gefährlich** wird, wehrt sie sich mit einer Tintenwolke.

4 Welches Adjektiv passt? Schreibe auf. **

 Die Schneeflocke ist kalt.
 Der Zug ist schnell.
 Der Opa ist alt.
 Der Papagei ist bunt.
 Die Torte ist lecker und süß.
 Der Wal ist groß und schwer.
 Die Sonne scheint hell. Die Sonne ist heiß.

** Beispiellösung

Lösungen Seite 68–71

Adjektive
Vertiefung

Gegensatzpaare bilden

Mit vielen Adjektiven kannst du **Gegensätze beschreiben.**

Beispiele: groß – klein, leise – laut

5 Male Gegensatzpaare in der gleichen Farbe an.

teuer	jung
alt	kalt
hell	dumm
warm	billig
arm	reich
klug	dunkel

6 Trage die passenden Adjektive ein.

Im Sommer ist es **heiß,** im Winter ist es kalt.

Eine Zitrone ist **sauer,** Zucker ist süß.

Eine Biene ist **schnell,** eine Schnecke ist langsam.

Eine Ameise ist **klein,** ein Nashorn ist groß.

Mein Daumen ist **kurz,** mein Arm ist lang.

Der Fels ist **schwer,** die Feder ist leicht.

68

Adjektive
Vertiefung

7 Finde die Gegensätze und löse das Rätsel.
Die markierten Felder ergeben ein Lösungswort.

① reich
② dick
③ alt
④ weit
⑤ warm
⑥ billig
⑦ uninteressant
⑧ leer

Lösungswort: A D J E K T I V
① ② ③ ④ ⑤ ⑥ ⑦ ⑧

8 Welche Gegensätze kennst du noch? Schreibe auf. **

ehrlich – unehrlich, zahm – wild, fleißig – faul, hoch – niedrig

Ich kann jetzt …	✓
… Adjektive zuordnen.	◯
… Adjektive erkennen.	◯
… Gegensatzpaare bilden.	◯

** Beispiellösung

69

Verben
Einstiegsseite

1 Diese Wörter sind Verben:

schreiben, malen, hüpfen, sitzen, rennen, lachen

Was tun die Kinder? Kreise in der passenden Farbe ein.

2 Markiere, was du tun kannst.

lesen	weich	Haus	schneiden
waschen	klein	träumen	hoch
trinken	essen	Vogel	weil
holen	hinter	schieben	gehen
Sonne	unten	fragen	und

70

Verben
Vertiefung

Was sind Verben?

Verben sagen dir, **was jemand tut oder was passiert.**

Beispiele: lachen, regnen

1 Was tun die Kinder? Trage die passenden Verben ein.

in der Pause: rennen, spielen

im Kunstunterricht: malen, basteln

im Matheunterricht: rechnen, messen

im Deutschunterricht: lesen, schreiben

im Musikunterricht: singen, musizieren

malen, rechnen, singen, rennen, basteln, messen, spielen, musizieren, lesen, schreiben

2 Was tun die Tiere? Trage die passenden Verben ein.

kriechen – brummen

schnurren – zwitschern

brummen – schwimmen

zwitschern – bellen

schwimmen – springen

springen – schnurren

bellen – kriechen

71

Verben
Vertiefung

3 Setze Verben ein, die sagen, was passiert.

frieren • rollen • bauen • fallen • wachsen • ernten • schneien

Im Herbst *fallen* die Früchte von den Bäumen.
Die runden Eicheln *rollen* den Weg hinunter.

Im Winter *frieren* die Seen zu. Es kann *schneien*.

Im Frühling *wachsen* die Blumen. Die Vögel *bauen* Nester.

Im Sommer *ernten* die Bauern das Getreide.

4 Markiere die Verben im Text.

Im Sommer **gehen** viele Kinder gerne ins Freibad. Die großen Kinder **schwimmen** im Schwimmerbecken. Die kleinen Kinder **planschen** in einem flachen Becken. Die Bademeister **passen** gut auf alle auf. Viele Eltern **liegen** auf der Wiese. Sie **schauen** ihren Kindern zu. Auf dem Spielplatz neben der Wiese können die Kinder auch **klettern**, **schaukeln** und **rutschen**.

5 Was kannst du besonders gut? Schreibe auf.*

Ich kann besonders gut ______

______

______

72 *individuelle Lösung

Verben
Vertiefung

6 Finde die Verben im Suchsel. Kreise sie ein.
Die Wörter können waagerecht oder senkrecht stehen.

m	a	l	e	n	x	s	a	y	w
k	ä	m	m	e	n	p	t	u	i
b	s	c	h	r	e	i	b	e	n
r	i	ü	q	f	t	e	y	o	p
v	n	e	x	s	z	l	m	c	d
r	g	z	b	a	u	e	n	g	k
h	e	q	t	r	i	n	k	e	n
w	n	e	r	z	ä	h	l	e	n

7 Was tust du mit …? Trage passende Verben von **Aufgabe 6** ein.

Was tust du mit einem Pinsel? *malen*
Was tust du mit einem Ball? *spielen*
Was tust du mit einem Kamm? *kämmen*
Was tust du mit einem Lied? *singen*
Was tust du mit einem Witz? *erzählen*
Was tust du mit Wasser? *trinken*
Was tust du mit einem Bauklotz? *bauen*
Was tust du mit einem Stift? *schreiben*

73

Verben
Vertiefung

8 Welche Wörter sind keine Verben? Streiche sie durch.

gehen	holen	~~hart~~	finden	halten
~~schön~~	nehmen	lösen	weinen	~~kalt~~
loben	~~freundlich~~	kehren	~~still~~	lachen

Personalformen

Im Satz gehört zu jedem Verb meist eine Person oder mehrere Personen.
Das **Verb passt sich immer an die Person an.** Dabei verändert sich das Verb, es bildet Personalformen.

- eine Person: **ich springe, du springst, er/sie/es** springt
- mehrere Personen: **wir springen, ihr** springt, **sie springen**

9 Passe das Verb „gehen" an die Person an.

ich geh*e*

wir geh*en*

du geh*st*

ihr geh*t*

er/sie/es geh*t*

sie geh*en*

74

Verben
Vertiefung

10 Schreibe das Wort „gehen" richtig in die Lücken.

Ich *gehe* zur Schule.
Du *gehst* auch zur Schule.
Malik *geht* zum Spielplatz.
Anni *geht* mit.
Das Mädchen *geht* zum Reitunterricht.

Wir *gehen* ins Schwimmbad.
Ihr *geht* nach Hause.
Sie *gehen* einkaufen.

11 Schreibe das Wort „holen" richtig in die Lücken.

Ich *hole* meinen Ranzen.
Du *holst* einen Stift.
Malik *holt* ein Heft.
Anni *holt* ein Buch.
Das Kind *holt* das Klassenbuch.

Wir *holen* die Klebestifte.
Ihr *holt* das Bastelpapier.
Sie *holen* Scheren.

Ich kann jetzt …	✓
… Verben erkennen.	○
… Verbformen an Personen anpassen.	○

75

Satz und Satzzeichen — Test

1 Trage die fehlenden Buchstaben ein.

Tipp: zum Lösen der Aufgabe: Merkkasten 1 „Der Satzanfang"

[S]chon am Vormittag sind Malik und Emma ganz aufgeregt. [D]enn an diesem Nachmittag gehen sie mit Maliks großer Schwester ins Schwimmbad.

[D]ort wollen sie sich nun an jedem Dienstag treffen.

[D]ie Schwester von Malik schwimmt sehr gut. [S]ie will mit ihnen üben. [A]uch das Tauchen will sie ihnen beibringen.

2 Setze die Punkte am Satzende.

Tipp: zum Lösen der Aufgabe: Merkkasten 2 „Der Punkt"

Bald wollen Malik und Emma ihre erste Schwimmprüfung machen: das Seepferdchen.

Dazu müssen die beiden gut schwimmen. Sie müssen ins Wasser springen. Sie müssen tauchen und einen Ring suchen.

Emma hatte erst Angst zu tauchen. Aber jetzt kann sie es richtig gut. Maliks Schwester hat ihr dabei geholfen.

3 Schreibe die zwei Sätze richtig auf. Setze Punkte.

Tipp: zum Lösen der Aufgabe: Merkkasten 1 „Der Satzanfang" und Merkkasten 2 „Der Punkt"

malik muss das Tauchen noch üben aber seine Schwester ist sehr geduldig

Malik muss das Tauchen noch üben.

Aber seine Schwester ist sehr geduldig.

76

Satz und Satzzeichen — Hinweis

1 Der Satzanfang

Am Satzanfang schreibst du immer **groß**.

Beispiel: **D**ie Kinder springen ins Wasser.

1 Trage die Buchstaben am Satzanfang ein.

[H]eute zeigen Emma und Malik, wie gut sie schwimmen können.

[M]alik schwimmt toll.

[E]r springt ins Wasser.

[E]r taucht nicht gerne.

[A]ber er findet den Ring und bringt ihn nach oben.

[E]mma taucht gerne.

[S]ie springt ins Wasser und sie schwimmt.

[B]eide bekommen das Seepferdchen.

[S]ie sind sehr stolz.

2 Klein oder groß? Kreise den richtigen Buchstaben ein.

(A)/a uch Maliks Schwester F/(f) reut sich.

(S)/s ie ist sehr Z/(z) ufrieden.

(D)/d enn Emma und Malik hatten eine G/(g) ute Trainerin.

77

Satz und Satzzeichen — Hinweis

2 Der Punkt

Am **Ende eines Satzes** steht ein **Punkt**.

Beispiel: Die Zuschauer klatschen.

3 Schreibe die Sätze richtig ab. Setze die Punkte.

jetzt dürfen Emma und Malik rutschen die Rutsche ist hoch

Jetzt dürfen Emma und Malik rutschen. Die Rutsche ist hoch.

den ganzen Nachmittag verbringen sie im Schwimmbad sie rutschen, schwimmen und tauchen

Den ganzen Nachmittag verbringen sie im Schwimmbad.

Sie rutschen, schwimmen und tauchen.

dann sind beide hungrig Emmas Papa holt sie vom Schwimmbad ab

Dann sind beide hungrig. Emmas Papa holt sie vom Schwimmbad ab.

zu Hause gibt es leckere Spaghetti Emma und Malik sind begeistert

Zu Hause gibt es leckere Spaghetti. Emma und Malik sind begeistert.

Denke daran:
Am Satzanfang schreibst du groß.

78

Satz und Satzzeichen — Vertiefung

Das Fragezeichen

Am **Ende einer Frage** steht ein **Fragezeichen**.

Beispiel: Kommst du mit ins Schwimmbad?

1 Kreise das Fragezeichen ein.

. , ! : (?)

2 Setze die Fragezeichen.

Kannst du schon schwimmen[?]

Machst du auch das Seepferdchen[?]

Tauchst du gerne[?]

Darfst du schon rutschen[?]

Springst du gerne ins Wasser[?]

Treffen wir uns nächste Woche wieder im Schwimmbad[?]

3 Setze einen Punkt oder ein Fragezeichen.

Emma plappert: „War das nicht toll[?] Sind wir nicht klasse[?] Wir haben das Seepferdchen geschafft[.] Ich hatte Angst, dass ich nicht gut genug schwimme[.] Hattest du auch Angst[?] Wollen wir bald wieder schwimmen gehen[?] Ich bin immer noch ganz aufgeregt[.]"

79

Satz und Satzzeichen
Vertiefung

Das Ausrufezeichen

Am **Ende eines Ausrufes oder einer Aufforderung** steht ein **Ausrufezeichen**.

Beispiele: Hurra! Warte, bitte!

4 Markiere das Ausrufezeichen.

. , **!** : ?

5 Setze die Ausrufezeichen.

Komm her [!]

Hallo Emma [!]

Pass auf [!]

Juhu, ich habe das Seepferdchen geschafft [!]

Stopp [!]

Lass uns die große Rutsche ausprobieren [!]

6 Setze einen Punkt oder ein Ausrufezeichen. **

Jetzt redet Malik: „Das war wirklich toll [!] Wir sind echt klasse [!] Wir haben das Seepferdchen geschafft [!] Ich hatte gar keine Angst mehr [.] Unsere Prüfer waren ja auch total nett [.] Ja, lass uns bald wieder ins Schwimmbad gehen [!]"

80 ** Beispiellösung

Satz und Satzzeichen
Vertiefung

7 Verbinde.

Ausrufezeichen – !

Fragezeichen – ?

Punkt – .

8 Ergänze.

Am Ende einer Frage steht ein [Fragezeichen].

Am Ende eines Aussagesatzes steht ein [Punkt].

Am Ende eines Ausrufs steht ein [Ausrufezeichen].

Am Ende einer Aufforderung steht ein [Ausrufezeichen].

9 Trage das richtige Satzzeichen ein.

Wir gehen schwimmen [.] Hast du das Seepferdchen [?]

Komm mit [!]

10 Schreibe einen Satz mit Fragezeichen und einen Satz mit Ausrufezeichen. *

____

____

Ich kann jetzt …	✓
… Punkte erkennen und setzen.	○
… Fragezeichen erkennen und setzen.	○
… Ausrufezeichen erkennen und setzen.	○

* individuelle Lösung 81

Lange und kurze Selbstlaute (Vokale)
Test

1 Markiere die Selbstlaute.

K f **a** H **E** m j

i t d **O** s **u** z

Tipp zum Lösen der Aufgabe: Merkkasten 1 „Selbstlaute (Vokale)"

2 Schreibe die Selbstlaute als Groß- und Kleinbuchstaben in die Tabelle.

A	a
E	e
I	i
O	o
U	u

Tipp zum Lösen der Aufgabe: Merkkasten 1 „Selbstlaute (Vokale)"

3 Schreibe die Wörter und markiere die Selbstlaute in der ersten Silbe.

[Ball] [Hase]

[Esel] [Teller]

[Brot] [Sonne]

[Kuh] [Puppe]

Tipp zum Lösen der Aufgabe: Merkkasten 1 „Selbstlaute (Vokale)"

4 Markiere die Umlaute.

B b Q q **Ä ä** H h **Ö ö** W w X x **Ü ü** P p

Tipp zum Lösen der Aufgabe: Merkkasten 2 „Umlaute"

5 Setze den richtigen Umlaut ein.

die [Ä]ste die Sch[ü]ssel das [Ö]l

der K[ö]nig die [Ü]berraschung der K[ä]se

Tipp zum Lösen der Aufgabe: Merkkasten 2 „Umlaute"

82

Lange und kurze Selbstlaute (Vokale)
Hinweis

1 Selbstlaute (Vokale)

Die Buchstaben **a, e, i, o, u** sind Selbstlaute.

1 Setze die Selbstlaute ein.

[A]n[a]n[a]s E[E]rdb[e][e]r[e]

K[i]w[i] K[o]k[o]sn[u]ss

B[i]rn[e] Pf[i]rs[i]ch

2 Markiere die Selbstlaute.
Welche der fünf Selbstlaute sind nicht in den Wörtern?

M **e** l **o** n **e** Diese Selbstlaute sind nicht in dem Wort: ______

Z **i** t r **o** n **e** Diese Selbstlaute sind nicht in dem Wort: ______

A p f **e** l s **i** n **e** Diese Selbstlaute sind nicht in dem Wort: ______

B **a** n **a** n **e** Diese Selbstlaute sind nicht in dem Wort: ______

A p r **i** k **o** s **e** Diese Selbstlaute sind nicht in dem Wort: ______

2 Umlaute

Die Buchstaben **ä, ö, ü** sind Umlaute.
Sie kommen von den Selbstlauten **a, o** und **u**.

3 Setze die Umlaute ein.

M[ö]hre K[ü]rbis [Ä]pfel

N[ü]sse Zuckerr[ü]be

83

Lange und kurze Selbstlaute (Vokale)

Vertiefung

Lange und kurze Selbstlaute

Selbstlaute können lang oder kurz gesprochen werden.

Beispiele: der Kamm – er kam die Sonne – der Sohn

1 Markiere Wörter, in denen der Selbstlaut lang klingt, mit einem Strich (_).
Markiere Wörter, in denen der Selbstlaut kurz klingt, mit einem Punkt (.).

Tanne	Motte	sagen	kosten
mögen	Puppe	Sahne	grillen
Kasse	planen	stellen	Lose

Auch Umlaute können lang oder kurz gesprochen werden, zum Beispiel kühl und Füller.

2 Schreibe die Reimwörter (→ Seite 44, 45) auf.
Achte auf die langen und kurzen Selbstlaute.

Laden – F aden, b aden
Suppe – P uppe, Gr uppe
Dose – H ose, R ose
Knall – F all, B all
leben – g eben, kl eben
hell – F ell, schn ell

84

Lange und kurze Selbstlaute (Vokale)

Vertiefung

3 Finde 10 Wörter im Suchsel. Markiere sie.
Die Wörter stehen waagerecht.

Z	K	E	T	T	E	G	R	C
R	A	B	E	V	R	O	S	E
S	O	N	N	E	H	U	P	E
H	B	L	I	T	Z	I	P	S
P	U	P	P	E	B	R	O	T
D	Y	B	R	I	L	L	E	B
W	X	J	W	A	S	S	E	R

4 Sprich die Wörter von **Aufgabe 3**. Hörst du einen langen oder kurzen Selbstlaut? Trage ein.

kurz gesprochener Selbstlaut	lang gesprochener Selbstlaut
Kette	Rabe
Sonne	Rose
Blitz	Hupe
Puppe	Brot
Brille	
Wasser	

5 Lies die Wörter von **Aufgabe 4**. Was fällt dir auf?

Nach einem kurz gesprochenen Selbstlaut steht oft ein doppelter Mitlaut.

85

Lange und kurze Selbstlaute (Vokale)

Vertiefung

Doppelter Mitlaut (Doppelkonsonant)

Nach einem kurz gesprochenen Selbstlaut steht oft ein doppelter Mitlaut.

Beispiele: Ball, kommen, kaputt

6 Welche Wörter sind gesucht? Schreibe auf.

W- / Pf- / K- + -ann- + -e: Wanne, Pfanne, Kanne

Tanne

M- / K- / F- + -utt- + -er: Mutter, Kutter, Futter

Butter

R- / Gr- / L- + -ipp- + -e: Rippe, Grippe, Lippe

Wippe

86

Lange und kurze Selbstlaute (Vokale)

Vertiefung

7 Löse das Rätsel.
Die markierten Felder ergeben ein Lösungswort.

① schnell laufen
② einen Baum hochsteigen
③ daraus trinkst du
④ davon isst du
⑤ das tust du im Wasser

								2 K_1	
								L	
				4 T	E	L_2	L	E	R
								T	
3 T								T	
A_3				1 R	E_6	N	N	E	N
S_4								R	
5 S_5	C	H	W	I	M	M	E	N	
E									

Lösungswort: K ① L ② A ③ S ④ S ⑤ E ⑥ !

Ich kann jetzt …	✓
… Selbstlaute und Umlaute erkennen.	○
… lange und kurze Selbstlaute unterscheiden.	○
… erkennen, wann ein doppelter Mitlaut stehen muss.	○

87

Wörter verlängern

Vertiefung

23 Finde die sieben Fehler in dem Text!
Streiche falsch geschriebene Wörter durch und schreibe sie richtig auf.

Der kleine König ist ~~mächtik~~. Sein Reich ist riesik und er ist oft auf Reisen. Besonders wichtik ist ihm, dass sein Volk ihn mag und dass es allen gud geht. Er liebt Kleider, wenn sie bund sind. Er liebt Feste, wenn sie laud sind. Er liebt Geschichten, wenn sie lustik sind. Und das liebt sein Volk auch.

mächtig, riesig, wichtig, gut, bunt, laut, lustig

24 Finde Adjektive und verlängere sie. *

ein Adjektiv mit „p" am Ende: knapp – ein knapper Sieg

ein Adjektiv mit „d" am Ende:

ein Adjektiv mit „g" am Ende:

ein Adjektiv mit „t" am Ende:

ein Adjektiv mit „k" am Ende:

Ich kann jetzt …	✓
… durch Verlängern herausfinden, ob ein Nomen am Ende mit g oder k, d oder t, b oder p geschrieben wird.	○
… durch Verlängern herausfinden, ob ein Adjektiv am Ende mit g oder k, d oder t, b oder p geschrieben wird.	○

96 * individuelle Lösung

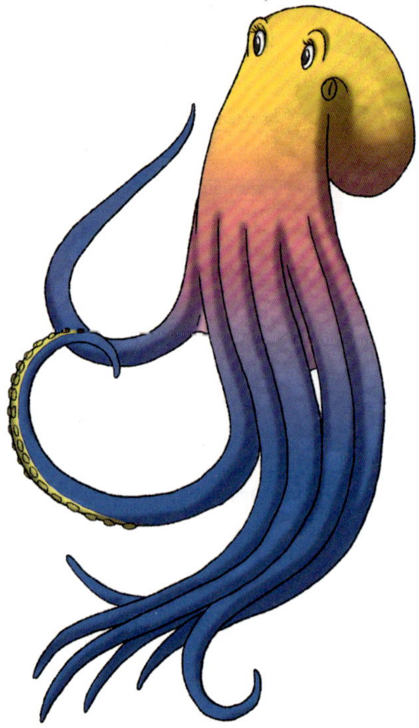

Deutsch 2

Durchblick mit Tessa Tinte

Grundlagen festigen – Neues sicher lernen

Erarbeitet von:

Martina Knipp

Mildenberger

Inhaltsverzeichnis

Vorwort 3

Buchstaben und Wörter

Das Alphabet kennen 5
Wörter in Silben zerlegen und zusammensetzen 11
Genau lesen 19

Kurze Texte lesen und schreiben

Mitteilungen 30
Geschichten 36
Gedichte 43
Märchen 50

Sprache untersuchen und Satzzeichen

Nomen 61
Adjektive 65
Verben 70
Satz und Satzzeichen 76

Rechtschreibung

Lange und kurze Selbstlaute (Vokale) 82
Wörter verlängern 88

Textquellenverzeichnis
S. 47: Irmela Brender – Wir. Aus: Joachim Fuhrmann (Hrsg.) – Gedichte für Anfänger, 1980; S. 48: Unbekannt – Morgens früh um sechs. Aus: Karl Simrock (Hrsg.) – Das deutsche Kinderbuch, 1848

Vorwort

Das Üben und Wiederholen von Lerninhalten ist für alle Kinder wichtig.
Viele Unterrichtsinhalte bauen auf bereits Gelerntem auf.

Teilweise wurden Lerninhalte aber nicht richtig verstanden oder nach längeren Zeiträumen wieder vergessen. Dies kommt beispielsweise häufig nach Unterbrechungen durch Projektwochen, Ferien, Klassenfahrten oder Krankheit vor.

Um Wissenslücken zu schließen und ein gewinnbringendes Üben zu ermöglichen, wurden die Aufgaben so gewählt, dass der aktuelle Lerninhalt mit dem Vorwissen der Vorjahrgangsstufe verbunden wird. Die Kinder können ihr Wissen aus der Vorjahrgangsstufe vorab testen und auffrischen. Anschließend werden die aktuellen Inhalte kleinschrittig erarbeitet und in passenden Schwierigkeitsstufen geübt.

Kapitelaufbau

Jedes Kapitel, in dem ein Bezug zur Vorjahrgangsstufe hergestellt werden kann, ist in drei Bereiche gegliedert.

Begonnen wird mit der **Testseite**. Hier werden bekannte Lerninhalte aus der Vorjahrgangsstufe abgefragt, um den aktuellen Lernstand zu ermitteln. Nach jeder Aufgabe findet sich ein „Tipp“, welcher auf den bzw. die entsprechenden Merkkästen der folgenden Seiten verweist, die die Thematik der Aufgabe noch einmal von Grund auf erläutern.

Auf den folgenden **Hinweisseiten** werden die Inhalte der Testseite und Vorjahrgangsstufe Schritt für Schritt erklärt und wiederholt.

Auf den abschließenden **Vertiefungsseiten** wird das Thema auf dem Niveau der aktuellen Jahrgangsstufe weiter fortgeführt, vielfältig geübt und so routiniert.

Sollte zu einem Thema kein Bezug zum Vorjahr vorhanden sein, besteht das Kapitel aus einer einführenden Einstiegsseite sowie den Vertiefungsseiten.

Hinweisseite

Testseite

Vertiefungsseite

Schwierigkeitsstufen und Anforderungsbereiche

Die Aufgaben decken unterschiedliche Schwierigkeitsstufen und Anforderungsbereiche ab, was durch die Punkte vor der Aufgabennummerierung gekennzeichnet wird:

1 **einfache Aufgaben:** Hier geht es vor allem um Reproduktion. Die für diese Aufgaben ausgewählten Wörter, Sätze oder Texte sind leicht zu verstehen.

2 **mittlere Aufgaben:** Bei diesen Aufgaben steht das Herstellen von Zusammenhängen im Vordergrund. Die für diese Aufgaben ausgewählten Texte sind leicht zu verstehen, aber zum Teil umfangreicher.

3 **schwere Aufgaben:** Auch hier geht es um das Herstellen von Zusammenhängen, die Bearbeitung dieser Aufgaben erfordert jedoch zugleich ein gewisses Maß an Reflexion. Die für diese Aufgaben ausgewählten Texte sind umfangreicher und anspruchsvoller. Zum Teil sollen auch eigene Texte verfasst werden.

Symbole

Die nachfolgenden Symbole kennzeichnen wichtige Hinweise und Tipps, die bei der Lösung der Aufgaben helfen.

(!) Merke

Tipp

Smileys

Bei jeder Aufgabe auf der Testseite kann die individuelle Leistung durch einen Smiley bewertet und so der eigene Lernstand reflektiert werden.

Stickerbogen

Nach jeder bearbeiteten Vertiefungsseite wird der passende Belohnungssticker auf der letzten Seite des Heftes ins Wimmelbild geklebt. Außerdem gibt es Schmucksticker, die frei verwendet werden können, um beispielsweise das Heft zu verzieren.

Lösungsheft

Das Lösungsheft zeigt alle Seiten des Arbeitsheftes verkleinert mit ausgefüllten Lösungen. Es ist herausnehmbar und ermöglicht dadurch eine optimale Selbstkontrolle.
Aufgaben, die mit einem Sternchen * versehen sind, können individuell gelöst werden (Individuelle Lösung) – es wird deshalb also keine Lösung vorgegeben.
Aufgaben mit zwei Sternchen ** haben mehrere mögliche Lösungen, beispielhaft ist eine davon aufgeführt (Beispiellösung).

1 Schreibe den Anlaut.

Tipp
zum Lösen der Aufgabe:
Merkkasten 1
„Anlaute hören"

W

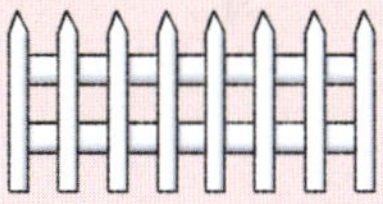

2 Trage die fehlenden Buchstaben ein.

Tipp
zum Lösen der Aufgabe:
Merkkasten 2
„Das Abc (Alphabet)"

A C D

f h i

K M N P

q s t

W X Z

1 Anlaute hören

Ein Anlaut ist **meistens der erste Buchstabe eines Wortes**. Sprich dir das Wort leise und deutlich vor. Welchen Laut hörst du am Anfang?

Beispiele: Ameise → A   Bank → B

1 Kreise den passenden Anlaut ein. Die Anlaute ergeben eine Lösung.

 B P

 D R

 E I

 M N

 A O

 K G

 E U

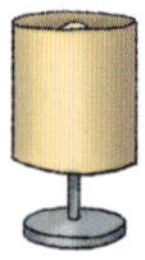 L A

Ö O

 S N

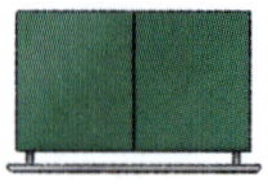 T D

Lösung: ____________________

2 Schreibe den Anlaut.

 ____

 ____

 ____

 ____

 ____

3 Welche Wörter mit diesem Anlaut kennst du? Schreibe oder male.

K

____

____

2 Das Abc (Alphabet)

Das Abc hat **26 Buchstaben**.

Die **Großbuchstaben** sind: ABCDE FGHIJ KLMNOP QRSTU VWXYZ

Die **Kleinbuchstaben** sind: abcde fghij klmnop qrstu vwxyz

Sprich dir das Abc immer wieder leise vor und lerne es auswendig.

4 Verbinde die Buchstaben in der Reihenfolge des Abc.

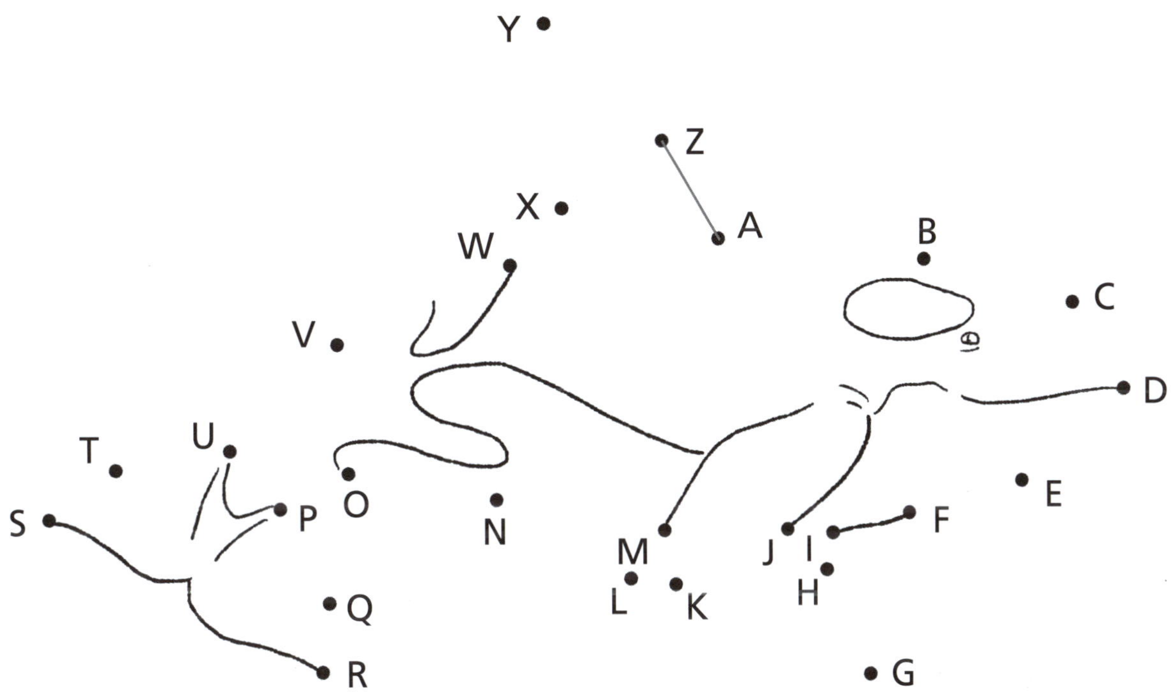

5 Trage die fehlenden Großbuchstaben ein.

A B D E

F H I

K M N P

Q S T U

W Z

6 Trage die fehlenden Kleinbuchstaben ein.

c

f g j

l o

r

v x y

7 Streiche Großbuchstaben durch, die an der falschen Stelle stehen.

A B S C D E

Z F G H I J

K L R M N O P

Q R S F T U

V W X J Y Z

8 Streiche Kleinbuchstaben durch, die an der falschen Stelle stehen.

a b q c d e

f w g h i j

k l b m n o p

q e r s t u

v f w x y z

9 Welche Wörter sind gesucht? Löse die Rätsel.

A = 1	B = 2	C = 3	D = 4	E = 5	F = 6	G = 7	H = 8	I = 9

1 6 6 5 → AFFE

5 9 →

4 9 5 2 →

2 1 4 →

6 5 5 →

8 1 9 →

Wörter nach dem Abc ordnen

Im **Wörterbuch** stehen die Wörter in der Reihenfolge des Abc.

Beispiel: **A**meise, **B**rille, **C**omputer

Wenn Wörter **mit dem gleichen Buchstaben beginnen,** entscheidet der **2. Buchstabe.**
Wenn auch der 2. Buchstabe gleich ist, entscheidet der **3. Buchstabe.**

Beispiel: Abend, Affe   Ameise, Ampel

1 Schreibe die Wörter in der Reihenfolge des Abc.

Nase	Auge	Knie	Zehen	Ohr	Bein

2 Was kommt in den Obstsalat? Ordne nach dem Abc.

Schreibe den ersten Buchstaben neben das Bild.

3 Warum steht die Banane im Abc vor der Birne? Ergänze.

Weil der ______ Buchstabe in Banane das „a" ist. In Birne ist der zweite Buchstabe das ______. „a" kommt im Abc ______ „i".

4 Schreibe die Namen der Kinder nach dem Abc.

Ordne nach dem 2. Buchstaben.

5 Schreibe die Tiere nach dem Abc.

Ordne nach dem 3. und 4. Buchstaben.

Spatz	Spinne	Spitzmaus	Sperling

Ich kann jetzt …	✓
… die Anlaute von Wörtern hören und aufschreiben.	◯
… das Abc aufschreiben.	◯
… Wörter nach dem Abc ordnen.	◯

1 Markiere die Selbstlaute grün und die Umlaute blau.

Ast Hund dünn Wind blöd

März Mond klug nett Bank

Tipp zum Lösen der Aufgabe: Merkkasten 1 „Selbstlaute und Umlaute"

2 Welcher Selbstlaut oder Umlaut fehlt? Setze ein.

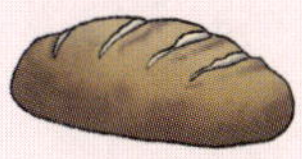
Br ___ t

T ___ sch

R ___ d

K ___ h

12
zw ___ lf

K ___ se

H ___ rz

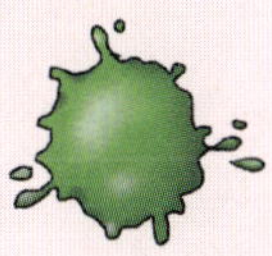
gr ___ n

Tipp zum Lösen der Aufgabe: Merkkasten 1 „Selbstlaute und Umlaute"

3 Zeichne Silbenbögen.

Korb Apfel Birne Krokodil

Gänseblume grün Kiste Elefant

Löwe Regenbogen Käsekuchen

Rübe Flügel Hosentasche

Marmeladenbrot Müsli Ei

Tipp zum Lösen der Aufgabe: Merkkasten 2 „Wörter bestehen aus Silben"

4 Welches Wort aus **Aufgabe 3** hat die meisten Silben? Schreibe auf.

___

Tipp zum Lösen der Aufgabe: Merkkasten 2 „Wörter bestehen aus Silben"

1 Selbstlaute und Umlaute

Selbstlaute sind die Buchstaben: **a, e, i, o, u.**

Umlaute sind die Buchstaben: **ä, ö, ü.**

1 Markiere die Selbstlaute grün und die Umlaute blau.

k	a	n	e	t	i	m	o	d	u
c	f	ä	b	ö	r	s	t	ü	z

2 Markiere die Selbstlaute grün.

acht	Heft	Schrift	rot	Buch

3 Markiere die Umlaute blau.

Bär	schön	fünf	Öl	früh

4 Schreibe das Wort. Markiere die Selbstlaute grün.

 Fisch

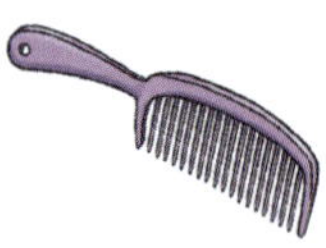

2 Wörter bestehen aus Silben

Es gibt Wörter mit einer Silbe oder mit mehreren Silben.

In jeder Silbe ist immer nur **ein Selbstlaut oder Umlaut**.

Beispiele: grün singen Küchentisch Marmelade

Mit **Silbenbögen** kannst du die Silben in einem Wort gut erkennen.

5 Lies die Silben.
Schreibe die Wörter. Zeichne Silbenbögen.

Ha	se	Hase		
Sa	lat			
Blu	me			
Pfir	sich			
Ba	na	ne		
A	mei	se		
To	ma	te		
Schmet	ter	ling		
Son	nen	blu	me	
Re	gen	bo	gen	
Man	da	ri	ne	
Gur	ken	sa	lat	

6 Welche Startsilbe passt? Verbinde und schreibe das Wort auf.

En – te – Ente
So

Gel – pe
Tul

Do – se
Ku

Kä – fer
Bän

Zi – bel
Schna

Flü – de
Er

7 Welche Endsilbe passt? Verbinde und schreibe das Wort auf.

Bir – ne – Birne
la

Sche – ke
re

Ho – ke
se

Ra – sen
her

Kir – se
sche

Pfüt – eln
ze

8 Welche Wörter findest du? Schreibe sie auf.

Gür-
Dat-
Zet-
Beu-

-tel

Gürtel

Re-
le-
lie-
Zie-
flie-

-gen

Va-
Fal-
Pos-
Win-

-ter

9 Zeichne Silbenbögen. Schreibe die Wörter in die Tabelle.

Tintenfisch Waschbär Taschenlampe Riesenschlange
Gartenzwerg Feder Dotterblume Elefant Sonne

zwei Silben	drei Silben	vier Silben
	Tintenfisch	

10 Setze aus den Silben Wörter zusammen.
Welche Bilder bleiben übrig? Kreise sie ein.

Kü tisch chen ______

Ge se mü ______

pa Pa gei ______

gel nest Vo ______

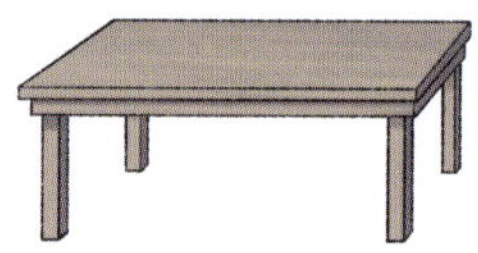

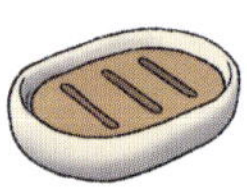

Ku ga chen bel ______

Sei scha le fen ______

cher gal Bü re ______

stän No der ten ______

11 Löse das Silbenrätsel.

~~Au~~	Bie	deln	Fin	fel	~~ge~~	ger	Ha	ne
Mon	Nu	re	Sche	Spin	se	tag	Wür	ne

Du hast 2 davon und siehst damit: Auge

Du schneidest damit: ____________

Er hoppelt und hat weiches Fell: ____________

Sie sammelt Nektar für Honig: ____________

Du hast 5 an jeder Hand: ____________

Sie schmecken mit Tomatensoße: ____________

Er hat 6 Augen und du spielst damit: ____________

Sie wohnt in ihrem Netz: ____________

Der erste Tag der Woche: ____________

Die erste Silbe der gesuchten Wörter wird großgeschrieben.

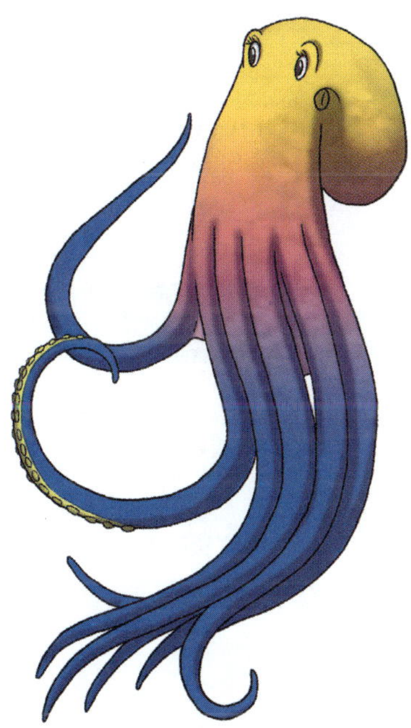

12 Welche Wörter haben gleich viele Silben?
Male sie in der gleichen Farbe an.

Hubschrauber

Federmäppchen

Bananenschale

Gemüsekiste

Zwiebelschale

Hühnerei

Wörter in Silben sprechen und richtig schreiben

Wenn wir schnell reden, sprechen wir einige Buchstaben oft nicht deutlich aus. **Sprich** daher **beim Schreiben** alle Wörter **langsam und in Silben** mit, damit du keine Buchstaben vergisst.

Beispiele: vergessn → ver ges sen Zetl → Zet tel

1 Achtung Fehler! Sprich die Wörter langsam und in Silben. Schreibe sie dann richtig auf.

lesn → lesen

Mantl →

sehn →

Regntropfn →

Mitl →

Klasnzimmr →

2 Sprich die Wörter langsam und in Silben. Schreibe sie dann richtig auf.

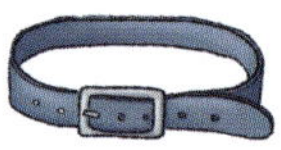

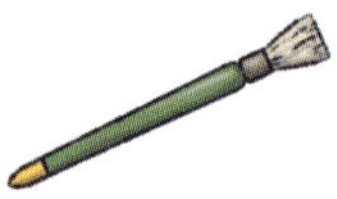

Ich kann jetzt ...	✓
... Selbstlaute und Umlaute erkennen.	◯
... Wörter in Silben zerlegen und Silbenbögen zeichnen.	◯
... Wörter aus mehreren Silben zusammensetzen.	◯
... Wörter in Silben sprechen und richtig schreiben.	◯

1 Verbinde.

Tipp
zum Lösen der Aufgabe: Merkkasten 1 „Wörter lesen“

der Baum

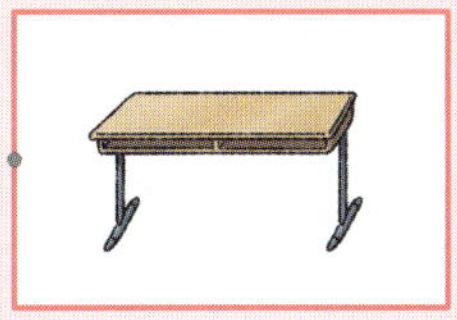

die Blüte

der Tisch

die Ameise

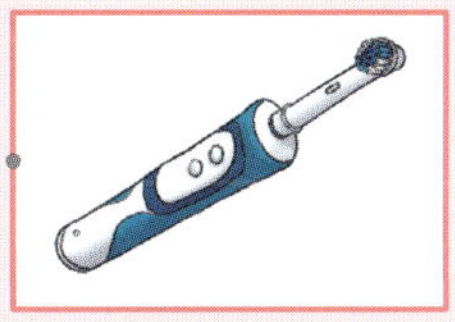

die Zahnbürste

2 Stimmt das?
Betrachte das Bild und kreuze richtige Sätze an.

Tipp
zum Lösen der Aufgabe: Merkkasten 2 „Sätze lesen“

- ○ Die Biene sitzt auf der Blume.
- ○ Der Frosch sitzt im Gras.
- ○ Ein Ei liegt im Gras.
- ○ Ein Pilz steht am Zaun.
- ○ Der Fisch liegt am Zaun.

1 Wörter lesen

Lies jedes Wort langsam, **Silbe für Silbe**.

Lies das Wort noch einmal laut, wenn du es nicht verstehst.

1 Verbinde.

das Fenster

die Gurke

der Saft

der Hase

die Kiste

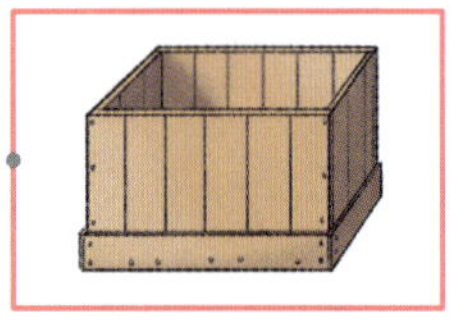

2 Streiche die falsche Silbe durch.

E	~~gel~~	sel	
Rau	di	pe	
re	de	Sche	
gen	schirm	Re	ver
fin	Kro	dil	ko

3 Kreise das richtige Wort ein.

	Baum	Bart	Blase	Blume
	Rose	Hose	Dose	Lose
	Rind	Kind	Wind	Zimt
	Tor	Tier	Tür	Tüte
	Apfel	Pflaume	Traube	Apfelsine

4 Welches Wort passt nicht in die Reihe? Streiche durch.

Bus Auto ~~Apfel~~ Zug

Gabel Löffel Messer Ziege

Stift Heft Mäppchen Bett

Ente Wasser Eule Schmetterling

5 Lies und male aus.

Male das Heft rot.

Male den Stift blau.

Male den Ranzen grün.

Male das Mäppchen gelb.

6 Welche Reihenfolge stimmt? Kreuze an.

   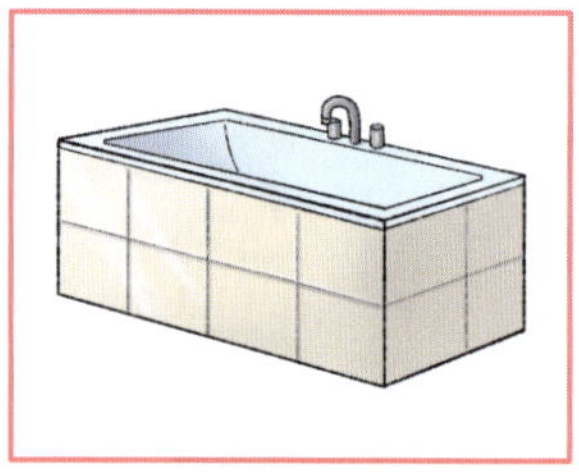

- ◯ Tanne Pfanne Wanne Kanne
- ◯ Tanne Pfanne Kanne Wanne

2 Sätze lesen

Lies jeden Satz langsam, **Wort für Wort**.

Lies den Satz noch einmal laut, wenn du ihn nicht verstehst.

7 Verbinde.

Das ist ein Zelt.

Ben hat einen Schal.

Aylin spielt Flöte.

Opa isst ein Eis.

Die Maus knabbert am Käse.

Die Maus knabbert an einem Apfel.

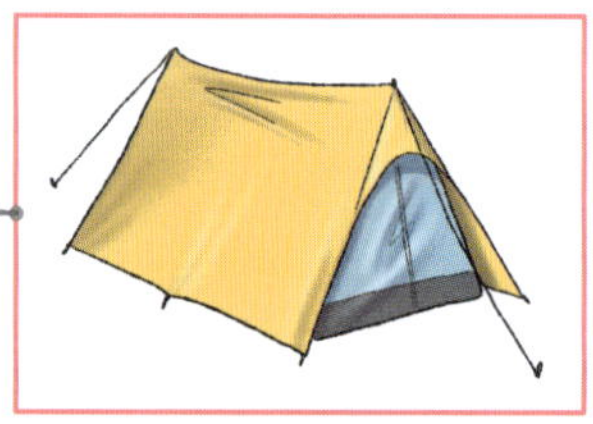

8 Kreuze die richtigen Sätze an.

○ Auf der Wiese stehen fünf Blumen.
○ Drei Schmetterlinge fliegen über die Wiese.
○ Drei Schweinchen stehen auf der Wiese.

○ Auf der Blüte sitzt der Bär.
○ Auf der Blüte sitzt die Biene.
○ Auf dem Baum sitzt die Biene.

9 Streiche das falsche Wort durch.

Tessa Tinte ist ~~Haus~~ sehr klug.

Unsere Schule hat groß einen Pausenhof.

Im Sommer hoch scheint oft die Sonne.

In der Schule lerne ich lesen kalt.

Hunde muhen bellen manchmal.

10 Kreuze die richtigen Sätze an.

Was tun Autos?

○ Autos fliegen über die Straße.
○ Autos fahren auf Schienen.
○ Autos fahren auf der Straße.

Was tun Züge?

○ Züge schweben auf einem Seil.
○ Züge fahren auf Schienen.
○ Züge fallen auf Schienen.

Was tun Flugzeuge?

- ◯ Flugzeuge flattern mit den Flügeln.
- ◯ Flugzeuge schwimmen über den Fluss.
- ◯ Flugzeuge fliegen.

Was tun Schiffe?

- ◯ Schiffe backen Brot.
- ◯ Schiffe fahren über den Fluss.
- ◯ Schiffe fahren über das Meer.

11 Lies die Sätze. Male das Bild.

Auf der Wiese steht ein Baum.

Am Baum hängen fünf Äpfel.

Eine Frau geht mit ihrem Hund spazieren.

Am Himmel fliegen drei Vögel.

Texte lesen

Lies einen Text **langsam** durch. Unterstreiche ein Wort, wenn du es nicht verstehst. Schlage es in einem Wörterbuch nach oder frage jemanden.

Lies dann jeden Satz und die unterstrichenen Wörter **noch einmal, bis du alles verstanden hast.**

1 Lies den Text. Kreuze die richtigen Aussagen an.

> In den Ferien fahren Jan und Anna zu ihren Großeltern.
> Die Großeltern wohnen in einem kleinen Dorf. Dort gibt es einen Bauernhof.
> Im Stall dürfen Jan und Anna zuschauen, wenn die Kühe gemolken werden.

- ◯ In den Ferien fahren Anna und Jan zu ihren Großeltern.
- ◯ In den Ferien fahren Anna und Jan in die Stadt.
- ◯ Die Großeltern wohnen im Dorf.
- ◯ Im Dorf gibt es auch einen Bauernhof.
- ◯ Im Dorf gibt es auch ein Hochhaus.
- ◯ Anna darf die Kühe melken.

2 Lies den Text. Kreuze die richtigen Antworten an.

> Auf einer Weide gibt es auch Schafe.
> Jan darf ihnen manchmal Gras bringen. Dann streichelt er ein Schaf.
> Die Wolle ist ein bisschen kratzig. Aber die Schafe sind friedlich.
> Bei den Schafen stehen auch fünf Ziegen. Sie vertragen sich gut.

Was darf Jan den Schafen bringen?
- ◯ Möhren
- ◯ Äpfel
- ◯ Gras

Wen streichelt Jan?
- ◯ ein Schaf
- ◯ einen Igel
- ◯ eine Katze

Wie fühlt sich die Wolle an?
- ◯ weich
- ◯ hart
- ◯ kratzig

Welche Tiere stehen auf der Weide?
- ◯ nur Kühe
- ◯ Schafe und Ziegen
- ◯ Kühe und Schafe

Vertragen sich die Schafe mit den Ziegen?
- ◯ ja
- ◯ nein
- ◯ Das steht nicht im Text.

3 Lies den Text.
Welche Bilder passen zum Text? Male sie aus.

Auf der großen Wiese hinter dem Haus leben die Hühner. Sie haben ein Hühnerhaus, in dem sie nachts schlafen. Tagsüber laufen sie auf der Wiese herum. Ein Hund passt gut auf die Hühner auf. Jedes Huhn legt ein Ei am Tag. Jan und Anna dürfen die Eier einsammeln. Vorsichtig heben sie die Eier auf. Damit keines zerbricht, legen sie die Eier in Kartons.

4 Löse das Rätsel.

Wer bin ich?

Ich werde im Stall gemolken: ____________

Meine Wolle ist kratzig: ____________

Wir vertragen uns gut mit den Schafen: ____________

Ich passe auf die Hühner auf: ____________

Die Texte aus den Aufgaben 1, 2 und 3 helfen dir.

Überschriften von Texten

Oft steht **über einem Text** eine **Überschrift**. Sie verrät dir, **worum es in dem Text geht**.

Du kannst dann schon vor dem Lesen überlegen, was in dem Text steht. Das hilft dir beim Lesen und Verstehen des Textes.

5 Du liest in einem Buch die Überschrift „Der Garten der Familie Sen". Worum könnte es in dem Text gehen? Kreuze an.

- ◯ In dem Text wird die Familie Sen vorgestellt.
- ◯ In dem Text wird das Haus der Familie Sen beschrieben.
- ◯ In dem Text steht, welche Blumen und Bäume es in dem Garten der Familie Sen gibt.
- ◯ Der Text handelt davon, wie sich ein Junge im Garten des Zauberers Sen verirrt.

6 Welche Überschrift gehört zum Text? Verbinde.

Frau Sen pflanzt einen Apfelbaum.
Sie freut sich auf die Ernte.
Dann gibt es leckere Äpfel
aus dem eigenen Garten.
Sie kann Apfelmus daraus
kochen oder Kuchen backen.

Frau Sen backt Kirschkuchen

Äpfel aus dem eigenen Garten

Im Garten der Sens wohnt ein Igel.
Er schläft am Tag. Wenn es dunkel
wird, können die Sens ihn sehen
und hören. Der Igel ist sehr laut.
Er schmatzt beim Essen.
Wenn er seine Ruhe haben will
oder böse ist, faucht er.

Ein Tag mit dem Igel

Ein lauter Igel

Ich kann jetzt ...	✓
... Wörter lesen und Bildern zuordnen.	○
... falsche Silben aus Wörtern herausstreichen.	○
... Sätze lesen und Bildern zuordnen.	○
... falsche Wörter aus Sätzen herausstreichen.	○
... Texte lesen und richtige Aussagen dazu ankreuzen.	○
... Texte lesen und passende Bilder zuordnen.	○
... Überschriften und Texte zuordnen.	○

1 Lies die Sätze. Kreuze richtige Aussagen an.

- ◯ Der Hund fliegt in den Park.
- ◯ Das Eichhörnchen klettert auf einen Baum.
- ◯ Aylin liest ein Butterbrot.
- ◯ Das Baby fährt Auto.
- ◯ Der Baum hat einen Stamm.
- ◯ Die Blume duftet gut.
- ◯ Die Katze malt ein Bild.
- ◯ Der Fisch schreibt einen Brief.

Tipp
zum Lösen der Aufgabe: Merkkasten 1 „Sätze verstehen"

2 Bilde aus den Wörtern einen Satz.

Noah Tischtennis spielt

____

Sofia auf dem Spielplatz ist

____

Hundekuchen mag Bello

____

eine Geschichte Papa erzählt

____

machen eine Radtour Wir

____

einen Schatz Tessa findet

____

Tipp
zum Lösen der Aufgabe: Merkkasten 1 „Sätze verstehen"

1 Sätze verstehen

Lies jeden Satz langsam, **Wort für Wort**.

Am Anfang steht meist eine Person, ein Tier oder eine Sache.

Danach steht, was sie tut.

Beispiele: Die Frau schreibt einen Brief.

↑ Person ↑ das tut sie

1 Lies die Sätze. Kreuze das passende Bild an.

Der Junge isst einen Apfel.

○ 

○ 

Die Frau trägt einen Hut.

○ 

○ 

Der Postbote klingelt an der Tür.

○ 

○ 

Die Katze schnuppert an der Blume.

○ 

○ 

2 Lies die Satzpaare. Kreuze richtige Aussagen dazu an.

Sofia geht zur Schule. Sie geht zusammen mit Anna.

- ◯ Sofia und Anna gehen zusammen zur Schule.

Ben und Rami lesen eine Geschichte. Ben liest einen Satz, dann liest Rami.

- ◯ Ben und Rami lesen Zeitung.

Mia geht zu Aylin zum Basteln. Sie basteln Postkarten.

- ◯ Mia und Aylin basteln.

3 Bilde aus den Wörtern einen Satz.

kochen Lea Papa und

Lea und Papa kochen.

Hunde Knochen mögen

Schnee leise Der fällt

mit Honig ein Butterbrot hat Can

Lotta Tomaten hat und ein Knäckebrot

am Wochenende Samira Freundin ihre besucht

Mitteilungen verstehen

Mitteilungen sind **kurze Nachrichten**. Eine Mitteilung schreibst du, wenn du einer Person etwas sagen möchtest und diese Person ist nicht da.

Am Anfang steht die **Anrede**, am Ende steht die **Unterschrift.**

Beispiel: Liebe Mama, ← Anrede

ich bin bei Oma.

Finn ← Unterschrift

1 Lies die Mitteilung. Kreuze an.

> Lieber Onkel Peter,
> wir gehen zum Fußball.
> Wir sind um 7 Uhr wieder zu Hause.
> Machst du Nudeln?
> Lotta

Die Mitteilung ist für:

○ Onkel Peter ○ Lotta

Die Mitteilung ist von:

○ Onkel Peter ○ Lotta

2 Was teilt Lotta ihrem Onkel Peter in der Mitteilung von **Aufgabe 1** mit? Markiere richtige Aussagen.

Lotta geht zum Turnen.

Lotta geht zum Fußball.

Sie kommt um 7 Uhr nach Hause.

Sie kommt um 7 Uhr zur Schule.

Sie fragt, ob Onkel Peter Salat macht.

Sie fragt, ob Onkel Peter Nudeln macht.

3 Lies die Mitteilung. Ordne diese Begriffe zu: Unterschrift, Anrede.

Lieber Emil, ← ____________

bitte geh heute einkaufen.

Bring Brot, Butter und Marmelade mit.

Danke!

Ich bin um 5 Uhr wieder zu Hause.

Mama ← ____________

4 Lies die Mitteilung von **Aufgabe 3**. Kreuze die richtigen Aussagen an.

- ◯ Die Mitteilung ist für Egon.
- ◯ Emil soll einkaufen.
- ◯ Emil soll Paprika und Tomaten einkaufen.
- ◯ Emil soll erst morgen einkaufen.
- ◯ Emil soll Brot mitbringen.
- ◯ Emils Mutter ist um 5 Uhr wieder zurück.
- ◯ Die Mitteilung hat Emils Vater geschrieben.

5 Ordne die Sätze. Schreibe die Mitteilung richtig auf.

ich bin bei Yassin.
Hallo Mama,
Ich bin um 7 Uhr wieder daheim.
Kuss Lea
Yassins Mama macht Essen.

Hallo Mama,

____

____

____

____

6 Schreibe eine Mitteilung an deinen Vater.

- Du bist mit Lea auf dem Spielplatz.
- Leas Mama bringt dich nach Hause.
- Du hast deine Aufgaben schon gemacht.

Ich kann jetzt …	✓
… Sätze verstehen und richtige Aussagen ankreuzen.	○
… aus vorgegebenen Wörtern Sätze bilden.	○
… eine Mitteilung verstehen.	○
… eine Mitteilung schreiben.	○

1 Welcher Satz passt zu welchem Bild?
Trage die Nummern ein.

Tipp
zum Lösen der Aufgabe:
Merkkasten 1 „Einen Sat
für ein Bild auswählen“

1 Tim und Mohammed malen.

2 Can und Lilly rechnen.

3 Ben und Layla schreiben.

2 Schreibe zu jedem Bild einen Satz.

Tipp
zum Lösen der Aufgabe:
Merkkasten 2 „Sätze zu
Bildern schreiben“

1 Einen Satz für ein Bild auswählen

Schau dir das Bild genau an: Wer ist zu sehen? Was tut die Person?

Lies dann die Sätze. Entscheide, welcher Satz zu dem Bild passt.

1 Welcher Satz passt zum Bild? Kreuze an.

- ◯ Die Frau liest.
- ◯ Die Frau wandert.
- ◯ Die Frau kocht.

- ◯ Der Mann läuft.
- ◯ Der Mann sitzt.
- ◯ Der Mann tanzt.

- ◯ Der Junge trinkt.
- ◯ Der Junge hüpft.
- ◯ Der Junge bastelt.

- ◯ Das Mädchen schwimmt.
- ◯ Das Mädchen turnt.
- ◯ Das Mädchen singt.

- ◯ Der Vogel singt.
- ◯ Der Vogel fliegt.
- ◯ Der Vogel badet.

2 Sätze zu Bildern schreiben

Schau dir das Bild genau an: Wen kannst du sehen? Was tut die Person? Wo ist sie?

2 Schreibe zu jedem Bild einen Satz.

3 Wähle weitere Bilder zu der Geschichte von **Aufgabe 2** aus.
Kreuze sie an und schreibe einen Satz dazu.

Dieses Bild passt **vor** die anderen Bilder:

Dieses Bild passt **als letztes Bild**:

Die richtige Reihenfolge für eine Bildergeschichte finden

Schau dir die Bilder ganz genau an. Versuche, die Geschichte zu erzählen. Wie kann sie beginnen? Wie kann sie enden?

1 Ordne die Bilder der Bildergeschichte. Nummeriere.
Schreibe dann zu jedem Bild einen Satz.

2 Schau dir die Bilder an und lies, wie die Geschichte von **Aufgabe 1** weitergeht. Fülle die Lücken aus.

~~stehen~~ • ruft • Pech • schütteln • Federball
kriegen • Idee • Stein • helfen

Can und Sofia stehen ratlos unter dem Baum. Der ______ steckt im Baum.

So ein ______!

Dann versuchen Can und Sofia, den Baum zu ______.
Aber der Ball bewegt sich nicht.

Sofia ______ ihre Mutter.
„Mama, wie ______ wir den Federball bloß wieder?
Kannst du uns ______?"

Sofias Mutter hat eine ______.
Sie holt einen ______.

3 Male und schreibe die Geschichte von **Aufgabe 1 und 2** fertig.

Ich kann jetzt …	✓
… Sätze Bildern zuordnen.	○
… Sätze zu Bildern schreiben.	○
… zusätzliche Bilder zu einer Geschichte finden.	○
… eine Bildergeschichte in die richtige Reihenfolge bringen.	○
… eine Geschichte fertig schreiben.	○

1 Schreibe die Wörter unter die Bilder.
Welche Wörter klingen gleich? Verbinde.

Tipp
zum Lösen der Aufgabe:
Merkkasten 1
„Reimwörter erkennen“

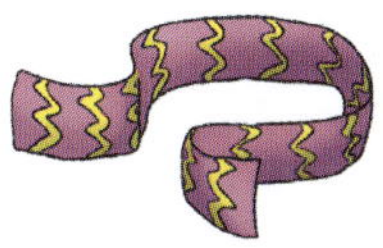

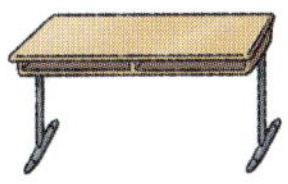

2 Welche Reimwörter fehlen in dem Gedicht? Ergänze.

Tipp
zum Lösen der Aufgabe:
Merkkasten 2
„Reimwörter finden“

Am großen See
wohnt eine ____
im ____.
Sie trinkt gern ____
und auch ____.

1 Reimwörter erkennen

Einige Wörter **hören sich am Ende gleich an**. Diese Wörter reimen sich.

Beispiele: **Kind – Wind, Hose – Rose**

Sprich dir die Wörter leise vor. Dann kannst du den Reim hören.

1 Sprich die Wörter.
Welche Wörter reimen sich? Kreise sie mit der gleichen Farbe ein.

2 Markiere in jeder Zeile das passende Reimwort.

Dose:	Hose	Dorf	Moos
Liege:	liegen	Fliege	Zwiebel
Hase:	Hose	Vase	Rasen
Tanne:	wann	Wonne	Wanne

3 Markiere die Buchstaben, die am Ende der Wörter gleich klingen.

Meer – Teer	Pfanne – Kanne
Klappe – Mappe	sitzen – flitzen
müssen – küssen	Topf – Knopf
Mund – Hund	Trauben – Schrauben

2 Reimwörter finden

Lass beim Sprechen eines Wortes den Laut am Anfang weg.
Setze dafür einen anderen Laut ein.

Beispiel: Fliege → ? iege → Ziege

4 Setze das Reimwort ein.

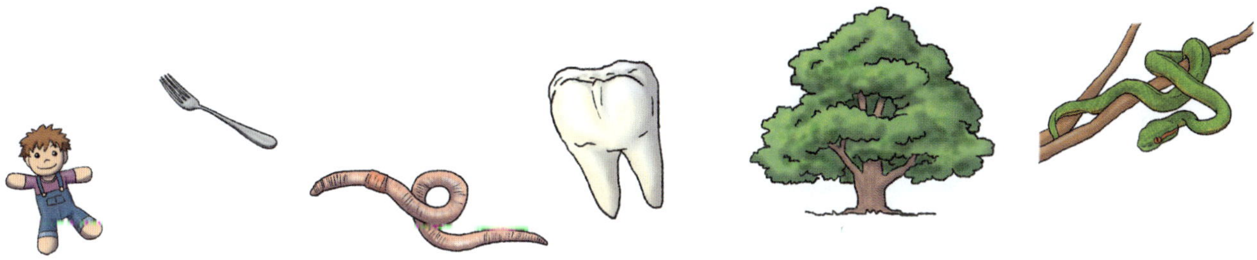

Schnabel – ________	Zange – ________
Traum – ________	Suppe – ________
Turm – ________	Hahn – ________

Spiegel – Riegel

5 Setze in dem Gedicht Reimwörter ein.

Hinter dem Haus

wohnt eine ________,

die hat 'ne ________,

oh ________!

Ich halt's nicht ________,

sagt da die ________,

das juckt so sehr,

ich mag nicht ________

und schickt die ________

________.

hinaus

Maus

Laus

Graus

aus

mehr

Maus

Laus

6 Schreibe Sätze mit Reimen.

Neben der Frau

steht ein Pfau.

____

____

____

____

7 Setze die Reimwörter ein. Markiere die Buchstaben, die sich reimen.

Wir

Ich bin ich und du bist du.
Wenn ich rede, hörst du zu.
Wenn du sprichst, dann bin ich still,
weil ich dich verstehen ____.

Wenn du fällst, helf' ich dir auf,
und du fängst mich, wenn ich ____.
Wenn du kickst, steh ich im Tor,
pfeif ich Angriff, schießt du ____.

Spielst du pong, dann spiel ich ping,
und du trommelst, wenn ich ____.
Allein kann keiner diese Sachen,
zusammen können wir viel ____.

Ich mit dir und du mit mir –
das sind ____.

Irmela Brender

~~zu~~ machen lauf sing will wir vor

In manchen Gedichten reimen sich die Wörter am Ende der Zeilen. Das kann die erste und zweite Zeile sein. Dann kommen andere Reimwörter in der dritten und vierten Zeile.

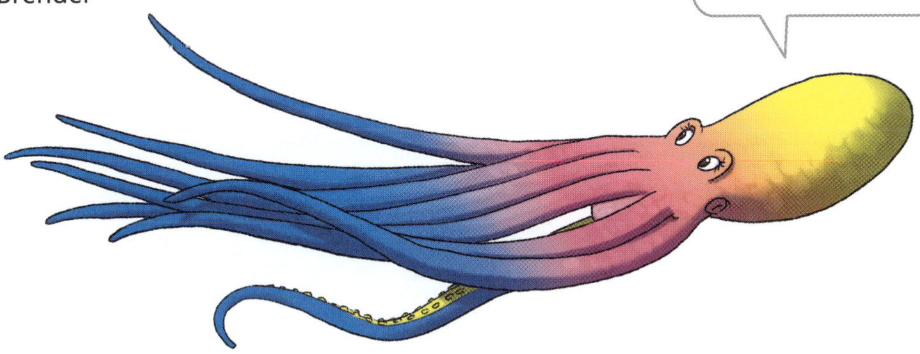

Elfchen

In manchen Gedichten reimen sich die Wörter am Ende der Zeilen nicht, zum Beispiel bei einem Elfchen.

Elfchen bestehen aus **fünf Zeilen** und **elf Wörtern**:

1. Zeile, ein Wort:	Schatten
2. Zeile, zwei Wörter:	ich staune
3. Zeile, drei Wörter:	so viele Bäume
4. Zeile, vier Wörter:	und so viele Blätter
5. Zeile, ein Wort:	Wald

1 Welches Gedicht ist ein Elfchen? Male es an.

Spaß

meine Freunde

auf dem Spielplatz

wir schaukeln und rutschen

Sommertag

Morgens früh um sechs
kommt die kleine Hex.

Morgens früh um sieben
schabt sie gelbe Rüben.

Morgens früh um acht
wird Kaffee gemacht.

Morgens früh um neun
geht sie in die Scheun'.

Morgens früh um zehn
holt sie Holz und Spän'.

Feuert an um elf,
kocht dann bis um zwölf.

Fröschebein und Krebs und Fisch,
hurtig Kinder, kommt zu Tisch!

2 Lies die Gedichte von **Aufgabe 1**. Kreuze richtige Aussagen an.

- ◯ Das Elfchen heißt „Spaß“.
- ◯ Das Gedicht „Spaß“ hat elf Wörter.
- ◯ Das Gedicht „Die Feder“ hat elf Wörter.
- ◯ In der ersten Zeile von „Spaß“ steht nur ein Wort.
- ◯ In der letzten Zeile von „Spaß“ steht auch nur ein Wort.

3 Setze die Wörter und Satzteile zu einem Elfchen zusammen.

gibt mir tolle Tipps

Tintenfisch

kluger Kopf

Tessa

und viele Arme

Tintenfisch

___

___

___

___

Ich kann jetzt …	✓
… Reime erkennen.	◯
… Reimwörter finden und an der richtigen Stelle einsetzen.	◯
… Sätze mit Reimen schreiben.	◯
… Elfchen erkennen und schreiben.	◯

1 Welche Figuren passen zu einem Märchen?
Kreise sie ein.

Tipp
zum Lösen der Aufgabe:
Merkkasten 1
„Märchenfiguren“

1 Märchenfiguren

In Märchen können die Figuren oft **Dinge tun, die nicht möglich sind**.

Beispiele: Eine Hexe verwandelt einen Prinzen in einen Frosch.

Ein Wolf spricht.

Feen lassen eine Prinzessin 100 Jahre schlafen.

Weitere Märchenfiguren sind zum Beispiel: Königin, Zauberer, Riese, Drachen, Frosch.

1 Schreibe die Märchenfiguren auf.

Überschriften von Märchen

Die **Überschriften** von Märchen verraten dir oft, **um wen es im Märchen geht**. Dann steht in der Überschrift der Name einer Figur, die in dem Märchen vorkommt.

1 Um wen geht es in den Märchen? Verbinde.

Das tapfere Schneiderlein

Rotkäppchen

Die sieben Raben

2 Kreuze an, welche Überschrift zu einem Märchen gehören könnte.

- ◯ Der Froschkönig
- ◯ Der Wolf und die sieben Geißlein
- ◯ Der Schulgarten
- ◯ Schneeweißchen und Rosenrot
- ◯ Das Fußball-Turnier
- ◯ Detektiv Spürnase und das Spukhaus im Wald

Besondere Sätze in Märchen

Märchen **beginnen mit besonderen Sätzen** wie zum Beispiel „Es war einmal …" oder „In den alten Zeiten, in denen das Wünschen noch geholfen hat …".

Märchen haben immer ein gutes Ende. Daher stehen auch **am Ende besondere Sätze** wie „Und sie lebten glücklich bis an ihr Lebensende" oder „Und wenn sie nicht gestorben sind, so leben sie noch heute".

3 Welche Sätze passen zu Märchen? Male sie an.

Als uns gestern mein Onkel besuchte …

Es war einmal …

Vor langer Zeit …

Am Sonntagmorgen schlief ich lange …

Und sie lebten glücklich bis ans Ende ihrer Tage.

Einst lebte …

Rosen sind besondere Pflanzen.

Und sie lebten gut bis an ihr Lebensende.

Das Ding sah aus wie ein Raumschiff.

Wusstest du, dass man von Beruf Märchenerzähler werden kann?

4 Lies das Märchen. Markiere die besonderen Sätze.

Sterntaler

Es war einmal ein Mädchen, dessen Eltern gestorben waren. Es hatte nur die Kleider, die es anhatte, und ein Stückchen Brot, das ihm jemand geschenkt hatte.

Auf seinem Weg begegnete ihm ein armer Mann. Der war sehr hungrig. Das Mädchen gab ihm sein Brot.

Als Nächstes begegnete ihm ein Kind, das am Kopf sehr fror. Da gab das Mädchen ihm seine Mütze.

Danach begegnete dem Mädchen noch ein Kind. Das fror auch. Das Mädchen gab ihm sein Röckchen.

Auf dem Weg in den Wald traf es noch ein Kind. Dem gab es sein letztes Hemdchen.

Und als es dort im Dunkeln stand und nichts mehr hatte, fielen aus dem Himmel viele, viele Taler. Wie Sterne regneten sie herunter. Und das Mädchen hatte ein ganz feines Hemdchen an. Es sammelte alle Taler. Nun war es reich bis an sein Lebensende.

Was passiert in Märchen?

In Märchen passieren Dinge, die nicht möglich sind. Die Hauptfiguren müssen oft **schwierige Aufgaben lösen** und **Abenteuer bestehen**.

Beispiele: Rotkäppchen wird vom Wolf gefressen und wieder befreit.

Eine Schwester findet ihre Brüder, die in Raben verwandelt waren.

Ein Schneider besiegt zwei Riesen, ein Einhorn und ein Wildschwein und wird König.

5 Lies das Märchen „Sterntaler" von **Aufgabe 4** (Seite 54). Bringe die Bilder in die richtige Reihenfolge.

6 Welche schwierigen Aufgaben und Abenteuer hat das Mädchen in dem Märchen „Sterntaler" von **Aufgabe 4** (Seite 54) bestanden? Kreuze an.

- ◯ Das Mädchen hat sich in einen Raben verwandelt.
- ◯ Das Mädchen war sehr arm. Trotzdem hat es allen Menschen geholfen und gegeben, was es hatte.
- ◯ Das Mädchen wurde im Wald von einem Wolf bedroht und konnte fliehen.

7 Lies das Märchen.

Hänsel und Gretel

Hänsel und Gretel lebten mit ihrem Vater und ihrer Stiefmutter an einem Wald. Die Familie war sehr arm. Deswegen wollte die Stiefmutter Hänsel und Gretel in den Wald bringen und dort alleinlassen. Der Vater wollte das zwar nicht, aber die Stiefmutter überredete ihn.

Hänsel und Gretel verirrten sich im Wald. Am dritten Tag hatten sie großen Hunger. Sie kamen an ein Haus. Das Haus war aus Brot, Kuchen und Zucker gebaut. Sofort fingen die Kinder an zu essen.

Da hörten sie eine Stimme, die sagte: „Knusper, knusper, Knäuschen, wer knuspert an meinem Häuschen?"

Die Kinder antworteten: „Der Wind, der Wind, das himmlische Kind."

Da kam eine alte Frau aus dem Haus. Sie lud die Kinder ein und gab ihnen Pfannkuchen und ein Bett zum Schlafen.

Aber die Alte war eine Hexe. Sie sperrte Hänsel in einen Käfig im Schuppen. Gretel musste ihn füttern, damit er ganz fett würde. Dann wollte die Hexe ihn töten und essen.

Doch Gretel dachte sich eine List aus und stieß die Hexe in den Ofen. Da war die Hexe tot. Gretel ließ Hänsel aus dem Käfig. Sie nahmen das Gold und die Edelsteine, die die Hexe versteckt hatte. Dann gelang es ihnen, den Weg nach Hause zu finden. Der Vater war sehr froh, als er seine Kinder wiederhatte. Jetzt hatten sie keine Sorgen mehr.

8 Passen die Bilder zu „Hänsel und Gretel“ von **Aufgabe 7**?
Male die passenden Bilder aus.

9 Beantworte die Fragen zu „Hänsel und Gretel“ von **Aufgabe 7**.

Wo verirrten sich Hänsel und Gretel? ____________________

Woraus ist das Haus im Wald gebaut? ____________________

Wer wohnte in dem Haus? ____________________

Welche schwierige Aufgabe haben Hänsel und Gretel gelöst?

____

____

Warum hatten sie am Ende keine Sorgen mehr?

____

____

10 Lies das Märchen „Der Wolf und die sieben Geißlein“. Verbinde die Texte mit den richtigen Bildern.

Es war einmal eine Geiß, die hatte sieben Geißlein. Eines Tages ging sie in den Wald. Sie warnte die Geißlein: „Seid auf der Hut vor dem Wolf. Er hat schwarze Pfoten und eine raue Stimme. Macht ihm nicht auf!“

Bald klopfte es. Jemand rief: „Macht auf! Eure Mutter ist da!“ Die Geißlein antworteten: „Du bist nicht unsere Mutter. Deine Stimme ist zu rau. Du bist der Wolf. Wir machen nicht auf.“

Der Wolf fraß Kreide und klopfte erneut. Seine Stimme war anders. Aber die Geißlein sahen seine Pfote und riefen: „Deine Pfote ist schwarz. Du bist der Wolf. Wir machen nicht auf.“

Der Wolf streute Mehl auf seine Pfote und klopfte wieder. Er zeigte seine weiße Pfote. Da öffneten die Geißlein die Tür.

Der Wolf fraß sechs Geißlein. Eins hatte sich im Uhrenkasten versteckt. Es kam erst heraus, als die Mutter heimkam. Zusammen fanden sie den Wolf schnarchend unter einem Baum.

Die Mutter holte die Geißlein aus dem Bauch des Wolfes. Sie legte sechs Wackersteine in seinen Bauch. Als der Wolf wach wurde, ging er zum Brunnen.
Die schweren Wackersteine zogen ihn hinunter in den Brunnen. Da tanzten die Geiß und ihre Kinder vor Freude.

11 Löse das Rätsel zu „Der Wolf und die sieben Geißlein" von **Aufgabe 10**. Trage die Antworten im Rätsel ein.

① Vor wem warnt die Mutter?
② Woran können die Geißlein hören, dass der Wolf an der Tür ist?
③ Was frisst der Wolf, damit seine Stimme nicht mehr rau ist?
④ Woran können die Geißlein sehen, dass der Wolf an der Tür ist?
⑤ Womit macht der Wolf seine Pfote weiß?
⑥ Wo versteckt sich das 7. Geißlein?

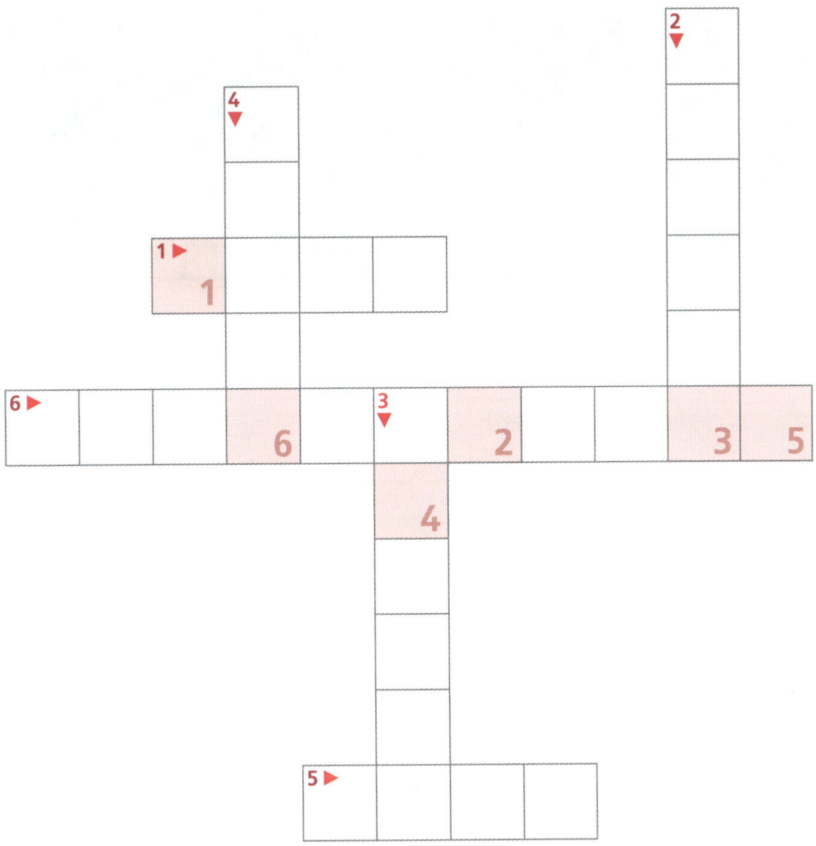

Lösungswort: ___ ___ C K ___ ___ S T E I ___ ___
① ② ③ ④ ⑤ ⑥

12 Welche Figuren und Dinge aus den drei Märchen findest du?
Trage sie in die Tabelle ein.

	Figuren	Dinge
Sterntaler		
Hänsel und Gretel		
Der Wolf und die sieben Geißlein		

Ich kann jetzt …	✓
… Märchenfiguren erkennen und benennen.	○
… mithilfe der Überschrift erkennen, um wen es im Märchen geht.	○
… besondere Sätze erkennen, die in Märchen am Anfang und am Ende oft vorkommen.	○
… nachvollziehen, welche Aufgaben und Abenteuer die Hauptfiguren in Märchen bestehen.	○

1 Diese Wörter sind Nomen:

Lehrerin Mädchen Junge Hund
Pflanze Tisch Tafel Heft

Trage die Nomen ein.

Was ist ein Nomen?

Nomen geben **Menschen, Tieren, Pflanzen oder Dingen** einen Namen.

Beispiele: Bäcker, Maus, Blume, Stuhl

1 Was ist das? Schreibe die Nomen auf.

 ______

 ______

 ______

 ______

 ______

 ______

 ______

 ______

 ______

Großschreibung von Nomen

Nomen schreibst du immer **groß**.

Beispiele: **K**ind, **R**eh, **B**aum

2 Trage die richtigen Anfangsbuchstaben ein.

K w B Z P

p z W k b

__latt __amm __insel __asser __ug

__ilz __orb __onbon __oo __olle

3 Trage die Nomen ein.

Der  Fisch lebt im 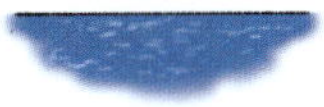 ____.

Der  ____ fällt aus der  ____.

Die  ____ wächst am  ____.

Das  ____ fährt mit dem  ____.

Nomen haben Artikel (Begleiter)

Vor Nomen steht oft ein Artikel.
Die **bestimmten Artikel** sind: der, die, das.
Die **unbestimmten Artikel** sind: ein, eine.

Beispiele: **der** Elefant, **ein** Elefant

4 Setze den bestimmten Artikel ein: „der", „die" oder „das".

____ Erde ____ Herz ____ Gurke ____ Würfel

____ Igel ____ Kiste ____ Pferd ____ Grill

5 Setze den unbestimmten Artikel ein: „ein" oder „eine".

____ Buch ____ Kuh ____ Pilz ____ Hose

____ Dose ____ Buch ____ Stein ____ Lampe

6 Wo stehen die Artikel? Ergänze.

Die Artikel stehen ____.

7 Schreibe das Wort auf und kreuze an.

	ja	nein
Ist das Wort ein Name für einen Menschen, ein Tier, eine Pflanze oder ein Ding?	◯	◯
Hat das Wort einen Artikel?	◯	◯
Ist das Wort ein Nomen?	◯	◯

	ja	nein
Ist das Wort ein Name für einen Menschen, ein Tier, eine Pflanze oder ein Ding?	◯	◯
Hat das Wort einen Artikel?	◯	◯
Ist das Wort ein Nomen?	◯	◯

8 Markiere die Nomen.

Pudel	gehen	weich	Füller	jung	Mama
schmutzig	Rock	Blitz	eng	mit	Zimmer
Flasche	lachen	rot	oben	Haus	Auto

Ich kann jetzt …	✓
… Nomen erkennen.	◯
… Nomen großschreiben.	◯
… bestimmte und unbestimmte Artikel unterscheiden und vor Nomen setzen.	◯

1 Diese Wörter sind Adjektive:

fröhlich schmutzig dornig hoch wütend
traurig leicht ängstlich kaputt

Schreibe die Adjektive unter die passenden Bilder.

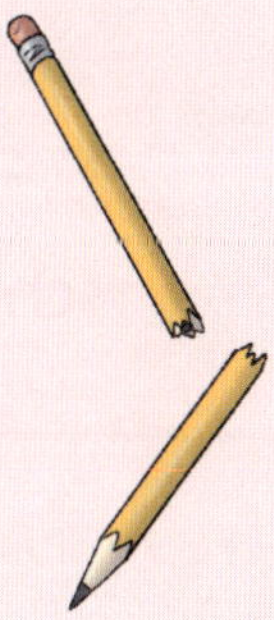

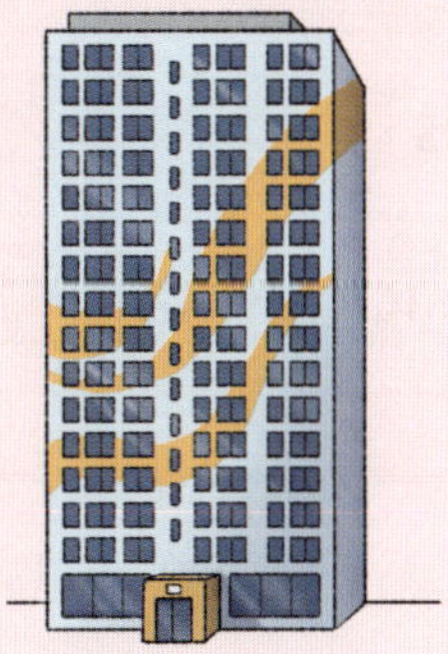

Was sind Adjektive?

Adjektive **beschreiben Menschen, Tiere, Pflanzen oder Dinge.**

Sie beschreiben, **wie** etwas ist. Sie können auch beschreiben, wie man sich fühlt.

Beispiele: Das Kind ist **fröhlich**. Die Blume ist **schön**.

1 Wie fühlen sich die Kinder?

Verbinde die Adjektive mit den passenden Bildern.

müde erschreckt glücklich nachdenklich

2 Schreibe die Sätze fertig.

Die Tulpe ist ______.

Nach dem Fressen ist unsere Katze ______.

Manchmal ist mein Ranzen sehr ______.

In der Klasse ist es ______.

Beim Sport renne ich ganz ______.

leise
schnell
satt
schwer
rot

3 Markiere die Adjektive.

Tessa Tinte ist sehr schlau.

Ihre acht Arme sind lang.

Ihre Augen sind groß.

Tessa taucht schnell und tief.

Wenn es gefährlich wird, wehrt sie sich mit einer Tintenwolke.

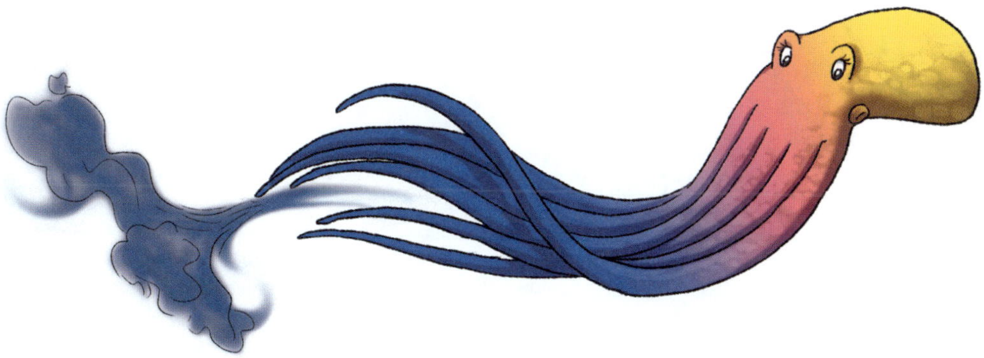

4 Welches Adjektiv passt? Schreibe auf.

Die Schneeflocke ist ______.

Der Zug ist ______.

Der Opa ist ______.

Der Papagei ist ______.

Die Torte ist ______ und ______.

Der Wal ist ______ und ______.

Die Sonne scheint ______. Die Sonne ist ______.

Gegensatzpaare bilden

Mit vielen Adjektiven kannst du **Gegensätze beschreiben.**

Beispiele: groß – klein, leise – laut

5 Male Gegensatzpaare in der gleichen Farbe an.

teuer	jung
alt	kalt
hell	dumm
warm	billig
arm	reich
klug	dunkel

6 Trage die passenden Adjektive ein.

Im Sommer ist es **heiß,** im Winter ist es ______.

Eine Zitrone ist **sauer,** Zucker ist ______.

Eine Biene ist **schnell,** eine Schnecke ist ______.

Eine Ameise ist **klein,** ein Nashorn ist ______.

Mein Daumen ist **kurz,** mein Arm ist ______.

Der Fels ist **schwer,** die Feder ist ______.

7 Finde die Gegensätze und löse das Rätsel.
Die markierten Felder ergeben ein Lösungswort.

① reich
② dick
③ alt
④ weit
⑤ warm
⑥ billig
⑦ uninteressant
⑧ leer

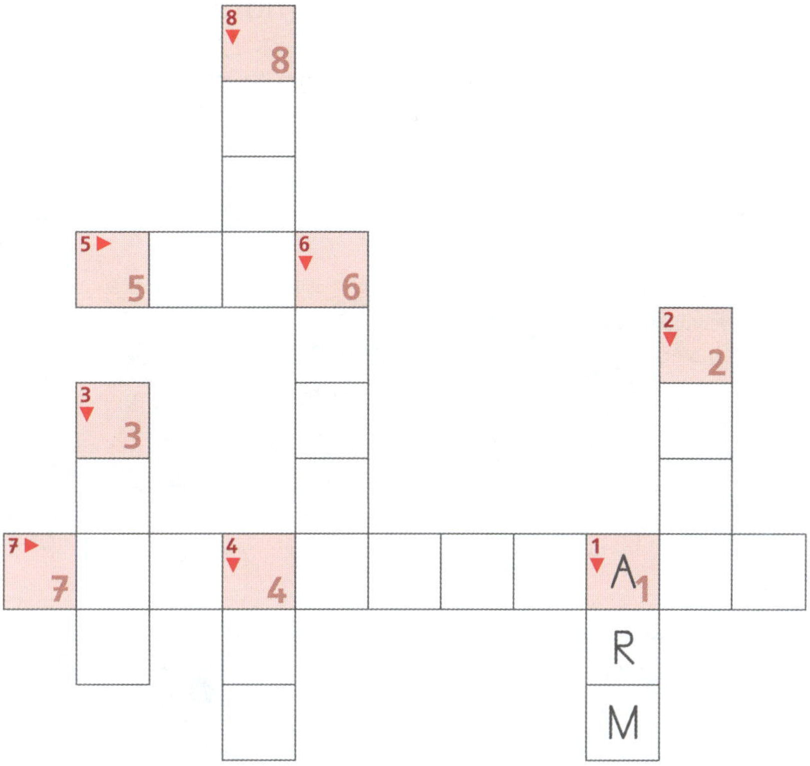

Lösungswort: A _ _ _ _ _ _ _
① ② ③ ④ ⑤ ⑥ ⑦ ⑧

8 Welche Gegensätze kennst du noch? Schreibe auf.

Ich kann jetzt …	✓
… Adjektive zuordnen.	○
… Adjektive erkennen.	○
… Gegensatzpaare bilden.	○

1 Diese Wörter sind Verben:

schreiben malen hüpfen
sitzen rennen lachen

Was tun die Kinder? Kreise in der passenden Farbe ein.

2 Markiere, was du tun kannst.

lesen	weich	Haus	schneiden
waschen	klein	träumen	hoch
trinken	essen	Vogel	weil
holen	hinter	schieben	gehen
Sonne	unten	fragen	und

Was sind Verben?

Verben sagen dir, **was jemand tut oder was passiert.**

Beispiele: lachen, regnen

1 Was tun die Kinder? Trage die passenden Verben ein.

in der Pause: ____________

im Kunstunterricht: ____________

im Matheunterricht: ____________

im Deutschunterricht: ____________

im Musikunterricht: ____________

malen, rechnen, singen, rennen, basteln, messen, spielen, musizieren, lesen, schreiben

2 Was tun die Tiere? Trage die passenden Verben ein.

 ____________

 ____________

 ____________

 ____________

 ____________

 ____________

 ____________

brummen, zwitschern, schwimmen, bellen, springen, schnurren, kriechen

3 Setze Verben ein, die sagen, was passiert.

frieren • rollen • bauen • fallen •
wachsen • ernten • schneien

Im Herbst ______ die Früchte von den Bäumen.
Die runden Eicheln ______ den Weg hinunter.
Im Winter ______ die Seen zu. Es kann ______.
Im Frühling ______ die Blumen. Die Vögel ______ Nester.
Im Sommer ______ die Bauern das Getreide.

4 Markiere die Verben im Text.

Im Sommer gehen viele Kinder gerne ins Freibad. Die großen Kinder schwimmen im Schwimmerbecken. Die kleinen Kinder planschen in einem flachen Becken. Die Bademeister passen gut auf alle auf. Viele Eltern liegen auf der Wiese. Sie schauen ihren Kindern zu. Auf dem Spielplatz neben der Wiese können die Kinder auch klettern, schaukeln und rutschen.

5 Was kannst du besonders gut? Schreibe auf.

Ich kann besonders gut ______

______

______

6 Finde die Verben im Suchsel. Kreise sie ein.
Die Wörter können waagerecht oder senkrecht stehen.

m	a	l	e	n	x	s	a	y	w
k	ä	m	m	e	n	p	t	u	i
b	s	c	h	r	e	i	b	e	n
r	i	ü	q	f	t	e	y	o	p
v	n	e	x	s	z	l	m	c	d
r	g	z	b	a	u	e	n	g	k
h	e	q	t	r	i	n	k	e	n
w	n	e	r	z	ä	h	l	e	n

7 Was tust du mit ...? Trage passende Verben von **Aufgabe 6** ein.

Was tust du mit einem Pinsel? ____________

Was tust du mit einem Ball? ____________

Was tust du mit einem Kamm? ____________

Was tust du mit einem Lied? ____________

Was tust du mit einem Witz? ____________

Was tust du mit Wasser? ____________

Was tust du mit einem Bauklotz? ____________

Was tust du mit einem Stift? ____________

8 Welche Wörter sind keine Verben? Streiche sie durch.

gehen	holen	~~hart~~	finden	halten
schön	nehmen	lösen	weinen	kalt
loben	freundlich	kehren	still	lachen

Personalformen

Im Satz gehört zu jedem Verb meist eine Person oder mehrere Personen.
Das **Verb passt sich immer an die Person an**. Dabei verändert sich das Verb, es bildet Personalformen.

- eine Person: **ich** spring**e**, **du** spring**st**, **er/sie/es** spring**t**
- mehrere Personen: **wir** spring**en**, **ihr** spring**t**, **sie** spring**en**

9 Passe das Verb „gehen" an die Person an.

ich geh e

du geh ___

er/sie/es geh ___

wir geh ___

ihr geh ___

sie geh ___

10 Schreibe das Wort „gehen" richtig in die Lücken.

Ich ______ zur Schule.

Du ______ auch zur Schule.

Malik ______ zum Spielplatz.

Anni ______ mit.

Das Mädchen ______ zum Reitunterricht.

Wir ______ ins Schwimmbad.

Ihr ______ nach Hause.

Sie ______ einkaufen.

11 Schreibe das Wort „holen" richtig in die Lücken.

Ich ______ meinen Ranzen.

Du ______ einen Stift.

Malik ______ ein Heft.

Anni ______ ein Buch.

Das Kind ______ das Klassenbuch.

Wir ______ die Klebestifte.

Ihr ______ das Bastelpapier.

Sie ______ Scheren.

Ich kann jetzt …	✓
… Verben erkennen.	◯
… Verbformen an Personen anpassen.	◯

1 Trage die fehlenden Buchstaben ein.

S chon am Vormittag sind Malik und Emma ganz aufgeregt. ___enn an diesem Nachmittag gehen sie mit Maliks großer Schwester ins Schwimmbad.

___ort wollen sie sich nun an jedem Dienstag treffen.

___ie Schwester von Malik schwimmt sehr gut. ___ie will mit ihnen üben. ___uch das Tauchen will sie ihnen beibringen.

Tipp zum Lösen der Aufgabe: Merkkasten 1 „Der Satzanfang"

2 Setze die Punkte am Satzende.

Bald wollen Malik und Emma ihre erste Schwimmprüfung machen: das Seepferdchen

Dazu müssen die beiden gut schwimmen Sie müssen ins Wasser springen Sie müssen tauchen und einen Ring suchen

Emma hatte erst Angst zu tauchen Aber jetzt kann sie es richtig gut Maliks Schwester hat ihr dabei geholfen

Tipp zum Lösen der Aufgabe: Merkkasten 2 „Der Punkt"

3 Schreibe die zwei Sätze richtig auf. Setze Punkte.

malik muss das Tauchen noch üben aber seine Schwester ist sehr geduldig

Tipp zum Lösen der Aufgabe: Merkkasten 1 „Der Satzanfang" und Merkkasten 2 „Der Punkt"

1 Der Satzanfang

Am Satzanfang schreibst du immer **groß**.

Beispiel: **D**ie Kinder springen ins Wasser.

1 Trage die Buchstaben am Satzanfang ein.

___eute zeigen Emma und Malik, wie gut sie schwimmen können.

___alik schwimmt toll.

___r springt ins Wasser.

___r taucht nicht gerne.

___ber er findet den Ring und bringt ihn nach oben.

___mma taucht gerne.

___ie springt ins Wasser und sie schwimmt.

___eide bekommen das Seepferdchen.

___ie sind sehr stolz.

2 Klein oder groß? Kreise den richtigen Buchstaben ein.

A/a uch Maliks Schwester F/f reut sich.

S/s ie ist sehr Z/z ufrieden.

D/d enn Emma und Malik hatten eine G/g ute Trainerin.

2 Der Punkt

Am **Ende eines Satzes** steht ein **Punkt**.

Beispiel: Die Zuschauer klatschen.

3 Schreibe die Sätze richtig ab. Setze die Punkte.

jetzt dürfen Emma und Malik rutschen die Rutsche ist hoch

Jetzt dürfen Emma und Malik rutschen. Die Rutsche ist hoch.

den ganzen Nachmittag verbringen sie im Schwimmbad sie rutschen, schwimmen und tauchen

dann sind beide hungrig Emmas Papa holt sie vom Schwimmbad ab

zu Hause gibt es leckere Spaghetti Emma und Malik sind begeistert

Das Fragezeichen

Am **Ende einer Frage** steht ein **Fragezeichen**.

Beispiel: Kommst du mit ins Schwimmbad**?**

1 Kreise das Fragezeichen ein.

. , ! : ?

2 Setze die Fragezeichen.

Kannst du schon schwimmen ☐

Machst du auch das Seepferdchen ☐

Tauchst du gerne ☐

Darfst du schon rutschen ☐

Springst du gerne ins Wasser ☐

Treffen wir uns nächste Woche wieder im Schwimmbad ☐

3 Setze einen Punkt oder ein Fragezeichen.

Emma plappert: „War das nicht toll ☐ Sind wir nicht klasse ☐ Wir haben das Seepferdchen geschafft ☐ Ich hatte Angst, dass ich nicht gut genug schwimme ☐ Hattest du auch Angst ☐ Wollen wir bald wieder schwimmen gehen ☐ Ich bin immer noch ganz aufgeregt ☐ "

Das Ausrufezeichen

Am **Ende eines Ausrufes oder einer Aufforderung** steht ein **Ausrufezeichen**.

Beispiele: Hurra**!** Warte, bitte**!**

4 Markiere das Ausrufezeichen.

. , ! : ?

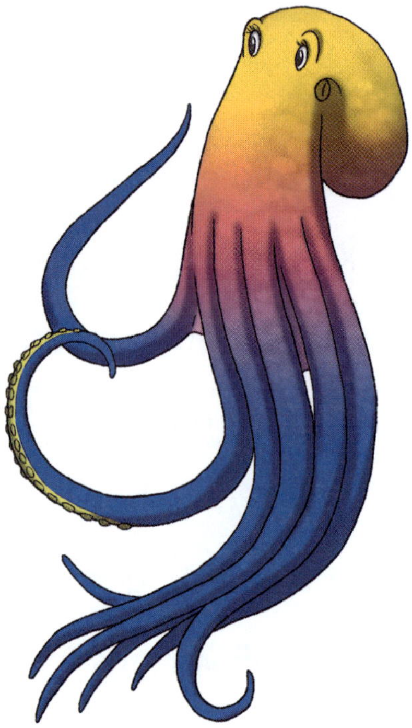

5 Setze die Ausrufezeichen.

Komm her ☐

Hallo Emma ☐

Pass auf ☐

Juhu, ich habe das Seepferdchen geschafft ☐

Stopp ☐

Lass uns die große Rutsche ausprobieren ☐

6 Setze einen Punkt oder ein Ausrufezeichen.

Jetzt redet Malik: „Das war wirklich toll ☐ Wir sind echt klasse ☐ Wir haben das Seepferdchen geschafft ☐ Ich hatte gar keine Angst mehr ☐ Unsere Prüfer waren ja auch total nett ☐ Ja, lass uns bald wieder ins Schwimmbad gehen ☐"

7 Verbinde.

Ausrufezeichen	.
Fragezeichen	!
Punkt	?

8 Ergänze.

Am Ende einer Frage steht ein ______.

Am Ende eines Aussagesatzes steht ein ______.

Am Ende eines Ausrufs steht ein ______.

Am Ende einer Aufforderung steht ein ______.

9 Trage das richtige Satzzeichen ein.

Wir gehen schwimmen ___ Hast du das Seepferdchen ___

Komm mit ___

10 Schreibe einen Satz mit Fragezeichen und einen Satz mit Ausrufezeichen.

______

______

Ich kann jetzt …	✓
… Punkte erkennen und setzen.	○
… Fragezeichen erkennen und setzen.	○
… Ausrufezeichen erkennen und setzen.	○

1 Markiere die Selbstlaute.

K f a H E m j

i t d O s u z

Tipp
zum Lösen der Aufgabe: Merkkasten 1 „Selbstlaute (Vokale)"

2 Schreibe die Selbstlaute als Groß- und Kleinbuchstaben in die Tabelle.

A	a

Tipp
zum Lösen der Aufgabe: Merkkasten 1 „Selbstlaute (Vokale)"

3 Schreibe die Wörter und markiere die Selbstlaute in der ersten Silbe.

Tipp
zum Lösen der Aufgabe: Merkkasten 1 „Selbstlaute (Vokale)"

4 Markiere die Umlaute.

B b Q q Ä ä H h Ö ö W w X x Ü ü P p

Tipp
zum Lösen der Aufgabe: Merkkasten 2 „Umlaute"

5 Setze den richtigen Umlaut ein.

die ___ ste die Sch ___ ssel das ___ l

der K ___ nig die ___ berraschung der K ___ se

Tipp
zum Lösen der Aufgabe: Merkkasten 2 „Umlaute"

1 Selbstlaute (Vokale)

Die Buchstaben **a, e, i, o, u** sind Selbstlaute.

1 Setze die Selbstlaute ein.

 ___ n ___ n ___ s

 ___ rdb ___ ___ r ___

 K ___ w ___

 K ___ k ___ sn ___ ss

 B ___ rn ___

 Pf ___ rs ___ ch

2 Markiere die Selbstlaute.
Welche der fünf Selbstlaute sind nicht in den Wörtern?

M e l o n e — Diese Selbstlaute sind nicht in dem Wort: a, i, u

Z i t r o n e — Diese Selbstlaute sind nicht in dem Wort: ___

A p f e l s i n e — Diese Selbstlaute sind nicht in dem Wort: ___

B a n a n e — Diese Selbstlaute sind nicht in dem Wort: ___

A p r i k o s e — Diese Selbstlaute sind nicht in dem Wort: ___

2 Umlaute

Die Buchstaben **ä, ö, ü** sind Umlaute.
Sie kommen von den Selbstlauten **a, o** und **u**.

3 Setze die Umlaute ein.

 M ___ hre

 K ___ rbis

 ___ pfel

 N ___ sse

 Zuckerr ___ be

Lange und kurze Selbstlaute

Selbstlaute können lang oder kurz gesprochen werden.

Beispiele: der Kamm – er kam die Sonne – der Sohn

1 Markiere Wörter, in denen der Selbstlaut lang klingt, mit einem Strich (_).
Markiere Wörter, in denen der Selbstlaut kurz klingt, mit einem Punkt (.).

Tanne	Motte	sagen	kosten
mögen	Puppe	Sahne	grillen
Kasse	planen	stellen	Lose

Auch Umlaute können lang oder kurz gesprochen werden, zum Beispiel kühl und Füller.

2 Schreibe die Reimwörter (→ Seite 44, 45) auf.
Achte auf die langen und kurzen Selbstlaute.

Laden – F ______ b ______

Suppe – P ______ Gr ______

Dose – H ______ R ______

Knall – F ______ B ______

leben – g ______ kl ______

hell – F ______ schn ______

3 Finde 10 Wörter im Suchsel. Markiere sie.
Die Wörter stehen waagerecht.

Z	K	E	T	T	E	G	R	C
R	A	B	E	V	R	O	S	E
S	O	N	N	E	H	U	P	E
H	B	L	I	T	Z	I	P	S
P	U	P	P	E	B	R	O	T
D	Y	B	R	I	L	L	E	B
W	X	J	W	A	S	S	E	R

4 Sprich die Wörter von **Aufgabe 3**. Hörst du einen langen oder kurzen Selbstlaut? Trage ein.

kurz gesprochener Selbstlaut	lang gesprochener Selbstlaut
Kette	

5 Lies die Wörter von **Aufgabe 4**. Was fällt dir auf?

Nach einem kurz gesprochenen Selbstlaut steht oft

ein ______________.

Doppelter Mitlaut (Doppelkonsonant)

Nach einem kurz gesprochenen Selbstlaut steht oft ein doppelter Mitlaut.

Beispiele: Ball, kommen, kaputt

6 Welche Wörter sind gesucht? Schreibe auf.

W-		
Pf-	-ann-	-e
K-		

M-		
K-	-utt-	-er
F-		

R-		
Gr-	-ipp-	-e
L-		

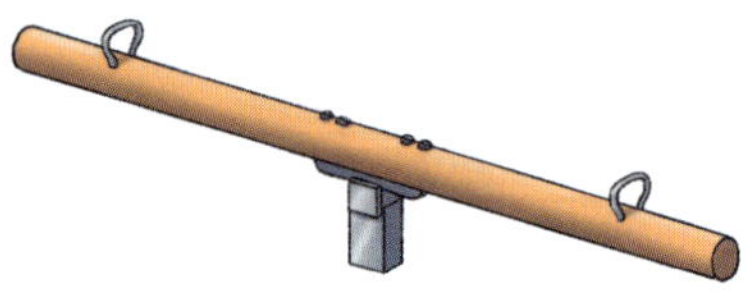

7 Löse das Rätsel.
Die markierten Felder ergeben ein Lösungswort.

① schnell laufen
② einen Baum hochsteigen
③ daraus trinkst du
④ davon isst du
⑤ das tust du im Wasser

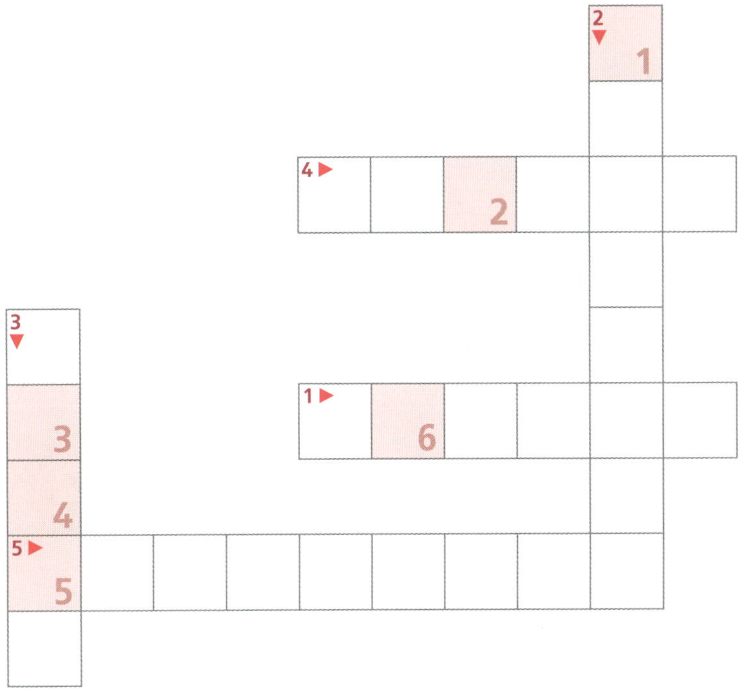

Lösungswort: K ___ ___ ___ ___ ___ !
① ② ③ ④ ⑤ ⑥

Ich kann jetzt ...	✓
... Selbstlaute und Umlaute erkennen.	○
... lange und kurze Selbstlaute unterscheiden.	○
... erkennen, wann ein doppelter Mitlaut stehen muss.	○

1 Schreibe die passenden Nomen auf.
Markiere den letzten Buchstaben.

 der ____b

 der ____d

 der ____g

 das ____t

 die ____k

 der ____g

2 Setze passende Adjektive ein.
Markiere den letzten Buchstaben.

rund krank lustig rot gelb

 Der Becher ist ____.

 Der Ball ist ____.

 Der Pulli ist ____.

 Das Kind ist ____.

 Der Clown ist ____.

Nomen verlängern

Manchmal kannst du nicht hören, wie ein Wort am Ende geschrieben wird. Dann hilft ein Trick: Du verlängerst das Wort einfach. Dann kannst du den Laut besser hören.

ein Ber $\frac{k}{g}$ – mehrere Ber**g**e

eine Han $\frac{t}{d}$ – mehrere Hän**d**e

ein Sta $\frac{p}{b}$ – mehrere Stä**b**e

1 Schreibe die Wörter hinter die Bilder. Markiere das „b".

mehrere Körbe

2 Schreibe die Wörter von **Aufgabe 1** jetzt mit dem unbestimmten Artikel.

ein Korb,

3 Welches Wort ist gesucht? Schreibe auf.

In den Ferien verreisen viele Leute. Sie machen ________.

4 Schreibe die Wörter hinter die Bilder. Markiere das „d“.

5 Schreibe die Wörter von **Aufgabe 4** jetzt mit dem unbestimmten Artikel.

6 Welches Wort ist gesucht? Schreibe auf.

Im ______ kann man spazieren gehen und Tiere beobachten.

7 Schreibe die Wörter hinter die Bilder. Markiere das „g“.

8 Schreibe die Wörter von **Aufgabe 7** jetzt mit dem unbestimmten Artikel.

9 Welches Wort ist gesucht? Schreibe auf.

Bevor der Kuchen zum Backen in den Ofen kommt, naschen viele Leute gerne von dem ________.

10 Schreibe die Wörter hinter die Bilder. Markiere das „t".

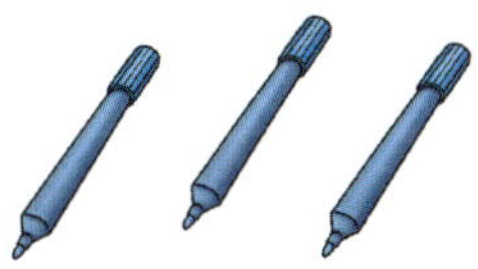

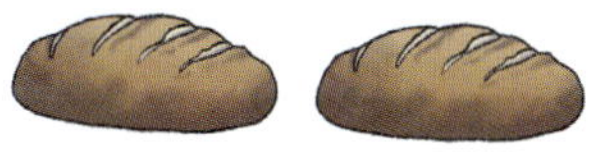

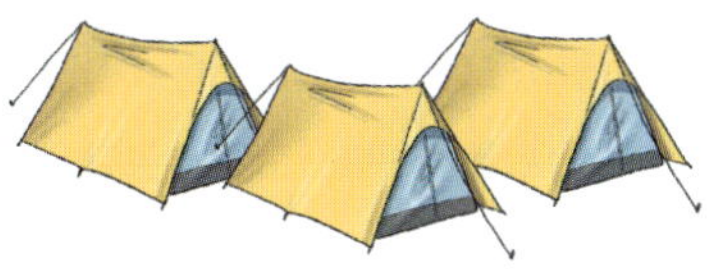

11 Schreibe die Wörter von **Aufgabe 10** jetzt mit dem unbestimmten Artikel.

12 Welches Wort ist gesucht? Schreibe auf.

Wenn du krank bist, gehst du zu einem ________.

13 Schreibe die Wörter hinter die Bilder. Markiere das „k“.

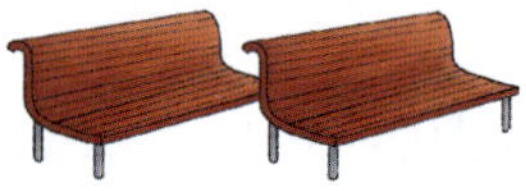

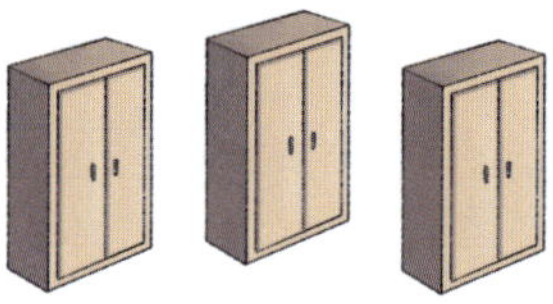

14 Schreibe die Wörter von **Aufgabe 13** jetzt mit dem unbestimmten Artikel.

15 Welches Wort ist gesucht? Schreibe auf.

Ein ______ ist eine bewegliche Stelle an unserem Körper, dort treffen zwei Knochen aufeinander.

16 Verlängere die Wörter. Trage dann den fehlenden Buchstaben ein.

ein Kind – mehrere Kinder

ein Hel__ – ______

ein Ver__ – ______

ein Gas__ – ______

ein Zu__ – ______

ein We__ – ______

Adjektive verlängern

Auch Adjektive kannst du verlängern, damit du den Laut am Ende besser hörst. Setze sie **vor ein Nomen**.

riesi k/g – ein riesi**g**er Baum   geduldi k/g – eine geduldi**g**e Lehrerin

17 „g" oder „k"?
Verlängere die Adjektive. Trage dann den richtigen Buchstaben ein.

muti g → ein mutiges Kind
star __ → ein ______ Mädchen
vorsichti __ → eine ______ Katze
geizi __ → ein ______ Mensch
kran __ → ein ______ Igel

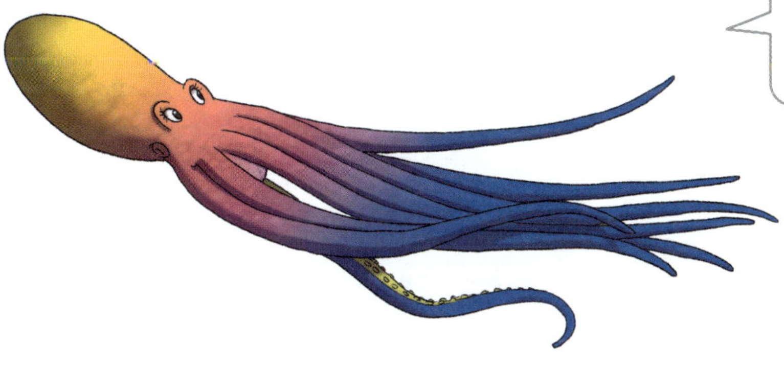

fleißig – ein fleißiger Schüler

18 „d" oder „t"?
Verlängere die Adjektive. Trage dann den richtigen Buchstaben ein.

wil __ → ein ______ Tiger
al __ → ein ______ Rucksack
gu __ → eine ______ Tat
wüten __ → ein ______ Papagei
kal __ → ein ______ Wind

19 „b“ oder „p“?
Verlängere die Adjektive. Trage dann den richtigen Buchstaben ein.

lie ___ → ein ______ Hund

tau ___ → ein ______ Junge

hal ___ → ein ______ Apfel

plum ___ → eine ______ Bewegung

gro ___ → ein ______ Unfug

20 Setze die Adjektive richtig in die Lücken ein.

witzi g/k	Opa erzählt gerne ______ Geschichten.
brei d/t	Ein ______ Weg führt in den Park.
gel b/p	Vor dem Haus steht ein ______ Schild.
klu g/k	Der ______ Hund verjagt den Dieb.
blon d/t	Der Junge mit den ______ Haaren war sehr freundlich.

21 Finde die zwölf Adjektive im Suchsel. Markiere sie. Die Wörter können waagerecht oder senkrecht stehen.

L	X	B	Z	W	B	L	Ö	D
I	G	E	S	U	N	D	Y	M
E	K	L	C	E	P	W	I	T
B	J	B	H	A	R	T	U	R
S	C	H	L	A	P	P	O	A
Q	R	V	A	E	C	H	T	U
F	L	I	N	K	B	K	U	R
Ö	I	N	K	R	U	N	D	I
N	E	U	G	I	E	R	I	G
Z	W	P	I	N	K	S	T	U

22 Ordne die Adjektive von **Aufgabe 21** richtig ein.

Adjektive mit „b“ am Ende	Adjektive mit „d“ am Ende
lieb	

Adjektive mit „g“ am Ende	Adjektive mit „p“ am Ende

Adjektive mit „t“ am Ende	Adjektive mit „k“ am Ende

23 Finde die sieben Fehler in dem Text!
Streiche falsch geschriebene Wörter durch und schreibe sie richtig auf.

Der kleine König ist ~~mächtik~~. Sein Reich ist riesik und er ist oft auf Reisen. Besonders wichtik ist ihm, dass sein Volk ihn mag und dass es allen gud geht. Er liebt Kleider, wenn sie bund sind. Er liebt Feste, wenn sie laud sind. Er liebt Geschichten, wenn sie lustik sind. Und das liebt sein Volk auch.

mächtig,

24 Finde Adjektive und verlängere sie.

ein Adjektiv mit „p" am Ende: knapp – ein knapper Sieg

ein Adjektiv mit „d" am Ende:

ein Adjektiv mit „g" am Ende:

ein Adjektiv mit „t" am Ende:

ein Adjektiv mit „k" am Ende:

Ich kann jetzt …	✓
… durch Verlängern herausfinden, ob ein Nomen am Ende mit g oder k, d oder t, b oder p geschrieben wird.	○
… durch Verlängern herausfinden, ob ein Adjektiv am Ende mit g oder k, d oder t, b oder p geschrieben wird.	○